本书为国家社会科学基金"十四五"规划 2021 年度教育学一般课题"概念构图撬动教学深度变革的实践研究"（课题批准号：BHA210224）、浙江省 2019 年度教育科学规划课题"让理解走向深度：小学数学概念构图'EDSA'学习模型的构建与实施"（项目批准号:2019SC128）阶段性研究成果。

# 概念构图

指向深度理解的数学课堂探索

葛敏辉 著

ZHEJIANG UNIVERSITY PRESS
浙江大学出版社

图书在版编目(CIP)数据

概念构图:指向深度理解的数学课堂探索 / 葛敏辉
著.—杭州:浙江大学出版社,2021.11
ISBN 978-7-308-22001-9

Ⅰ.①概… Ⅱ.①葛… Ⅲ.①数学教学－课堂教学－
教学研究 Ⅳ.①O1

中国版本图书馆 CIP 数据核字(2021)第 232098 号

**概念构图:指向深度理解的数学课堂探索**

葛敏辉 著

| | | |
|---|---|---|
| **策划编辑** | 吴伟伟 | |
| **责任编辑** | 丁沛岚 | |
| **责任校对** | 陈 翩 | |
| **封面设计** | 时代艺术 | |
| **出 版** | 浙江大学出版社 | |
| | (杭州市天目山路 148 号 邮政编码 310007) | |
| | (网址:http://www.zjupress.com) | |
| **排 版** | 浙江时代出版服务有限公司 | |
| **印 刷** | 杭州宏雅印刷有限公司 | |
| **开 本** | 710mm×1000mm 1/16 | |
| **印 张** | 12.75 | |
| **字 数** | 260 千 | |
| **版 印 次** | 2021 年 11 月第 1 版 2021 年 11 月第 1 次印刷 | |
| **书 号** | ISBN 978-7-308-22001-9 | |
| **定 价** | 68.00 元 | |

# 序 一

## 行到深处即是浅

葛敏辉是一位十分勤奋的小学数学老师,对小学数学课堂教学的追求,真可以用上"孜孜"两字。这个"孜孜",表现为一天从早到晚的专心,也表现为一年从春到冬的静心,还表现为从入职时候的年少到走向不惑时一以贯之的恒心。而且,他这份对小学数学课堂教学的追求,不仅限于自己,他总是拉上边上的同事、教研组的伙伴还有许多志同道合的小学数学老师。

葛敏辉老师对数学课堂教学的追求,除了用"孜孜"一词来表达他的专心,还可以用"创新"一词来表达他的聪慧。这么多年来,他一直在做课题,以课题研究为抓手,深入了解学生,寻找帮助孩子学好数学的办法。这些办法,给孩子们带来了许多乐趣,给老师们带来了许多惊喜,也给他自己带来了不断前行的勇气与力量。

今天读了他新写的书稿——《概念构图:指向深度学习的数学课堂探索》,既熟悉,又新鲜。熟悉的是书稿一如既往地延续了他对课堂学习的思考,新鲜的是他抓住了概念构图这一达成深度学习的工具,葛敏辉和他所带团队对概念构图的认识与实践值得我们深入学习。

个人的教学经验告诉我,概念的掌握水平对于孩子们的数学学习至关重要。因此,把概念掌握作为深度学习的切入口,无疑是可行的。概念构图作为帮助孩子们达成概念掌握的路径,自然是十分有意义的,且书中提供了许多的教学案例,就更加形象生动了。因此,这样一本书,对葛敏辉和他的团队的成长是有意义的,对一线的小学数学老师们的专业成长也是有意义的。特别是在"双减"背景下,通过深度学习的达成,达到减少作业、减轻负担的效果，对学生是十分有意义的。

通读整部书稿，文字清新朴素，案例浅显易懂，为葛敏辉老师的成长感到高兴。因为这本书的主体是深度学习，便油然想到了"行到深处即是浅"，并作为题目。

以此为序。

俞正强

2021 年 11 月 26 日

# 序　二

　　新一轮课程改革背景下,学为中心、以学定教等理念已经深入人心,深度学习也成为深受关注的内容。所谓深度学习,一般是指在教师引领下,学生围绕着具有挑战性的学习主题,全身心积极参与、体验成功、获得发展的有意义的学习过程。概言之,深度学习是一种基于高阶思维发展的理解性学习,具有注重批判理解、强调内容整合、促进知识建构、着意迁移运用等特征。深度学习不仅需要学生积极主动地参与,还需要教师通过确立高阶思维发展的教学目标、整合意义联结的学习内容、创设促进深度学习的真实情景、选择持续关注的评价方式进行积极引导。

　　注重理解是深度学习最重要的特征,数学深度教学是理解性的课堂,不是灌输性的教学。奥苏贝尔提出有意义学习,强调只有经由学习者自行发现知识的意义,才是真正的学习。而新的学习必须与认知结构中的旧经验相联结,这才是有意义的学习。从奥苏贝尔理论中的“提纲挈领”到“含射学习”,从“统整调和”到“逐渐分化”,从“有意义的学习”走向“概念构图”,美国康奈尔大学的学者诺瓦克及其同事历经数十年岁月,使用命题式的概念图,表征概念与概念间的联结关系,并以概念图作为评量与研究学习者概念结构的依据。概念构图顺应大脑的自然思维模式,通过简要的图式将知识的内在结构、学生的思维过程进行直观呈现,从而实现了形象思维与逻辑思维的统一,让学生的理解与表达可视化;概念构图以图解空间呈现各知识点或概念间的联结关系,让学生的理解整体化、结构化;通过直观简单的概念图,有助于学生在新知识与旧知识间建立起联系,理清概念之间的内在关系,形成对知识的深度理解与意义建构。

我们国家的教育改革,从来都不缺宏观理论的引领,不论是核心素养、翻转教学,还是深度学习,我们的理论研究与学习总能紧跟国际潮流,甚至会有更多的延伸与拓展;我们也从来不缺微观的教学课例,不论哪个学科,我们都有大量的名师课堂,可以供广大教师学习。然而,在宏观与微观之间,我们却非常缺乏中观的框架建构。以数学学科深度学习为例,对于具体的数学概念,学生究竟是如何理解的? 基于学生理解的情况,我们又可以如何做教学设计的思考? 这样的思考和研究,我们是欠缺的。东阳市吴宁第五小学的葛敏辉老师及其团队对研究如何指向深度理解的数学课堂教学进行了卓有成效的探索。他们通过概念构图对学生的数学理解情况进行研究,为数学深度教学提供了依据。

SOLO(structure of the observed learning outcome)理论最近得到了广泛关注,作为"可观测的学习成果结构",无论是用作评价,还是作为课堂教学的思考工具,都能更好地帮助教师理解教学内容并掌握学生的思维水平。然而,从理论到实践,总存在一些差距,虽然 SOLO 理论的五个层次(前结构、单点结构、多点结构、关联结构、拓展抽象结构)非常清晰,但具体在教学中该如何运用,对很多教师来说仍然困难重重。在本书中,基于 SOLO 分类理论,借助概念构图,对教学实践进行总结,制定了基于概念构图的理解层次标准,从具体到抽象、从零散到系统、从单一到多维,将学生的理解分为 5个层次:无理解、经验性理解、衍生性理解、结构化理解、抽象性理解。这样,就将宏观的理论转化成了中观层面可以用来思考数学教学的框架。有了这样的宏观理论指导和中观层面的分析框架,以概念构图为支架,就可以更进一步地对具体内容进行分析。以书中的"小数乘整数"教学为例,让学生进行表征后,可以对学生的概念图进行分析,从水平 1(经验性理解水平)"能用经验来计算,并用图示表示思考过程"到最高的水平 4(抽象性理解水平)"能领悟到算法本质,提炼出基本算法,会迁移应用",每个水平都有具体的描述,并配以具体案例。这样使得学生的思维可视,可以让教师有足够的依据来思考两个问题:①学生达到了哪个理解层次? ②如何通过概念构图让学生的理解走向更高层次? 这也贴合了目前所提倡的"精准教学"的理念。

东阳市吴宁第五小学自 2006 年运用"概念构图教学策略"以来,经过 10多年的探索,概念构图教学逐步成型、深化。本课题研究分为点状推进、范式成型、分科深化三个阶段,随着认识的深化,对概念构图的认知逐渐由辅助工具,转向与课堂教学改革相结合,从工具论走向方法论,将概念构图贯穿于学校教育教学变革过程之中,形成了概念构图文化,并取得了诸多成果,如 2021 年成功申报了全国教育科学规划国家级课题。这样的研究成果在基础教育界实属凤毛麟角,这固然是因为葛敏辉老师及其团队突出的教学研究能力,更重要的还是他们对"概念构图"这一具体研究主题的聚焦与坚持。这是研究最后能取得成效并形成成果的关键,为一线教师如何开展教育教学研究提供了很好的参考。

可以说,这正是一线教师应该开展的教育教学研究:研究真问题,结合理论形成研究框架,聚焦具体教学内容,通过研究让学生得到更好的发展。同时,在这样的教学研究过程中,使得教师的成长更有抓手,真正实现了教师专业发展。

学生和教师的发展,是一切教育教学研究永恒的主题。

权作为序。

温州大学教育学院教授
数学教育学博士

# 目　　录

# 绪　论

　　党的十九届五中全会审议通过的《中共中央关于制定国民经济和社会发展第十四个五年规划和二〇三五年远景目标的建议》明确指出，要建设高质量教育体系，到 2035 年建成教育强国。可见，党的教育方针里已明确指出了我们教书育人的努力方向。课堂是推进教育高质量发展的第一场所，课堂教学质量直接影响着育人质量。因此，我们需要认真审视课堂教学，通过深度变革来接近高质量育人要求，切实走向以课育人，实现为素养的生长而教。改变学教方式，帮助学生从要素理解走向关系理解，培养结构性思维能力，是我们提高课堂育人质量的努力方向。我们坚持多年的小学数学概念构图教学研究，在促进深度理解和加强能力培养上收到了很好的实效。

　　本部分主要介绍了概念构图教学的研究背景、研究历程、文献综述以及本书的框架结构。

## 第一节　研究背景

### 一、现实问题

　　推进课堂教学变革与创新，提升育人成效，是建设高质量教育体系的重要内容。理解是学生将知识转化为能力的重要桥梁，学生要将所学的知识转化为能力，必须通过理解。但是数学课堂教学"重记忆轻理解""重知识轻思维"的现象还普遍存在,直接影响着育人质量的提升。

**(一)点状的知识编排,导致知识理解的碎片化**

小学数学教师的学科知识背景不够深厚,缺少从知识结构的角度来处理和驾驭教材的能力。因此,教师备课时习惯于提取一个个知识点,将零散的、碎片化的知识点视为教学的重点,过度关注数学知识的拆解、细分,而忽视了知识的整体性与关联性。知识之间缺乏互动与关联,知识点本身缺乏活力与被反思的可能,课堂教学成为对静态的既定知识的占有过程。虽然知识点的教学是对数学知识的简化,有助于学生理解,然而当教师仅关注到数学知识点本身,而忽视各个知识点共同架构形成的知识体系、思维框架时,知识点本身的意义即被消解,脱离了知识的"意义之网"而成为一个个抽象的数学符号。这导致学生对数学知识的认识的零散化、碎片化而难以建构系统化的知识体系,也难以进行独立的逻辑推理与数学抽象,更无法形成体系化的数学语言进行数学化的表达。

**(二)单向的信息加工,导致知识理解的浅表化**

点状知识编排带来对信息的低效加工,在重知识点记忆与背诵而轻知识体系建构的教学环境下,数学教学成为教师教育学生的单向过程,学生缺乏课堂参与,从而缺少对知识内在逻辑的理解,教学过程成为学生对既定信息的接收过程。在点状式的知识记忆下,学生对知识的加工与理解多依赖于重复的习题操练,更多的是一种直觉性和习惯性的模式套用,而对于数学公式、推理过程、解题方法等深层次的原理,缺乏必要的理解和反思。一旦问题情境发生变化,就难以活学活用。数学知识在学生脑海中呈现为"是其所是"的实然存在样态,却没有呈现"何其如此"的反思生成样态;数学知识是外在于学生生命体验与思维的装饰,而不是内在于思维深处的思考工具。学生只是努力记住了个别知识点,对知识进行浅层化、片面化加工,要么一知半解,要么无以致用,并未将这些知识转化为一种力量或方法,也就难以将知识转化为数学思维来考察现实生活。

**(三)割裂的思维方式,导致知识理解的机械化**

点状的知识编排与单向的信息加工,带来的是割裂的思维方式。由于教师缺乏将各个知识点进行串联讲解的意识,对数学知识的定位也局限于固定知识的传递与习得,学生对知识的运用只能局限于某一特定领域,无法形成相应的数学思维以解决不同情境下的数学问题。在割裂式的思维引导下,教师往往就某个问题或专题进行讲解,而未打通不同问题、不同专题之间知识的关联,公式之间、数据之间的关联被忽视。这也就使得教师缺乏从数学方法与数学思维的层面对学生进行指导,割裂了知识与问题情境的关联,窄化了知识的人文价值与现实意义。长此以往,学生只形成了割裂的思维方式,将数学思维简化为公式的机械套用,而非面向不同情境的意义建构,难以用数学思维来思考现实世界。

## 二、理论背景

自20世纪60年代提出后,概念构图就成为促进学生有意义学习领域的热点课题。概念图由美国教育心理学家约瑟夫·D.诺瓦克(Joseph D. Novak)教授提出,是一种以图示表征概念间关系的工具。概念图也称为"概念构图"或"概念地图",前者强调概念图的制作过程,后者强调概念图的制作结果。浙江省东阳市吴宁第五小学(以下简称"吴宁五小")通过多年的理论与实践探索,基于概念构图教学理论,以及学习地图、思维导图、思维可视化、图示教学等一切与图有关的图式教学理论,结合小学生的年龄特点、认知水平、学科内在思维发展规律、课程改革思想等进行重组,形成了对概念构图的"草根式"理解。

概念构图顺应大脑的自然思维模式,通过简要的图式将知识内在结构、学生思维过程进行直观呈现,从而实现了形象化思维与逻辑思维的统一,让学生的理解与表达可视化;概念构图以图解空间呈现各知识点或概念间的联结关系,让学生的理解整体化、结构化;通过直观简单的概念构图,帮助学生在新知识与旧知识间建立联系,理清概念之间的内在关系,形成对知识的深度理解与意义建构。具体而言,将概念构图与课堂教学相结合,有如下必要性。

(一)从点状、零散到网状、系统的知识建构,是有效认知的调控手段

概念构图能够构造一个清晰的知识网络,有效地把细碎的知识点串联起来,帮助学习者构建一个结构化的知识体系。通过概念图的概括、梳理和总结,有助于学生快速把握知识之间的关联,从整体知识架构的视角理解概念及其应用,从而形成一个简明扼要的概念体系。这是学生有效认知的调控手段。

(二)从模糊、内隐到清晰、外显的思维状态,是学科教学的价值追求

在传统教学中,知识加工和问题解决的思考过程往往是模糊的、内隐的。师生多专注于思维的结果,而忽视了思维的过程,从而导致知识理解的浅层化、机械化,难以活学活用。概念构图以最直观的语言、最简洁的呈现、最简练的方式,把看不见的思维清晰地呈现出来。学习者的思维从模糊、内

隐变为清晰、外显，不仅有助于师生的相互理解，还有助于师生的反思重建。这是学科教学的重要价值追求。

（三）从被动接受到主动探究的学习状态，是生命品质的提升途径

概念构图教学能充分发挥大脑的形象思维与逻辑思维，通过色彩、外形、线条、词汇、图像、数字、逻辑、韵律和空间感知，激活大脑的认知。概念构图作为一个思维外显的过程，需要学习者主动参与到学习过程中，运用概念图进行自我表达、自我呈现、自我修正。从而把学习主动权还给学生，帮助学生在自主、合作学习中完成认知结构的建构，从被动接受转向主动探究，进而激发内在的生命活力。这是提升师生生命品质的重要途径。

### 三、已有基础

自 2006 年以来，吴宁五小团队一直致力于"概念构图教学"研究，探索适合学生发展的课堂途径，丰富教育实验内涵，以期达到"简约高效"的课堂效果。经过十余年的理论与实践探索，形成了"指向理解力的概念构图教学"的经验与理论总结，提出了"概念构图双重建模"，即"知识建模"和"方法建模"，并以语文、数学、英语学科为载体，构建了基于概念构图的简约教学，（简称"三简一增"）：应用概念构图，简约内容、简约过程、简约作业、增加"图式"思维，形成了"简约课堂"的基本形态，形成以"可视化学习"为特征的"轻负高质"的教学特色。

在实践成效方面，通过以概念图为载体的简约教学，学生学习兴趣变得浓厚，不仅增强了学习信心，也提升了多方面的思维品质，如系统思维能力、快速思维能力、创新思维能力。学生的课业负担减轻了，作业时间减少，学习效果不降反升。教师则应用概念构图的理念，系统地把握教材的知识结构，实现了从"教书匠"向"研究者"的转变。他们高度关注学生的思维状态、学习过程，巧妙利用生成性资源，真正做到了"以生为本""变教为学"。

在理论提炼方面，通过十多年的科研探索，吴宁五小的概念构图教学研究成果多次获得国家级、省级教科研成果奖，出版专著《小学语文思维图示教学》，发表相关论文 20 多篇，省市级获奖论文近千篇，研究成果推广展示53 场，多次与美国、日本、澳大利亚等国的教育同行交流。我们依托概念构图，探索出了一条指向理解力的小学概念构图教学路径。

凭借多年的实践与理论研究，我们可以确定在小学里应用概念构图策略，能够有效地提高学习的效率，促进学生的逻辑思维能力发展。然而，在现有教学中，更多地将概念构图作为一种学习工具，如何针对不同学科的特

性、不同学科知识的特性运用概念构图,甚至形成概念构图与学科知识、学科思维之间的双向建构,充分发挥学科育人价值与概念构图的育人价值,还有待进一步研究。有鉴于此,吴宁五小在已有研究的基础上,着重进行"学科教学概念构图的实践探索",以"概念构图双重建模"为载体,结合学科的特性,探索新的教学范式。

本书在已有研究的基础上,结合数学学科的特性,开发出了以概念构图为载体的小学数学教学模式,以期通过这一领域的开创性研究,改善学生的数学学习策略,提升学生的数学思维品质,真正让数学成为学生生命发展的一部分,为学生终身发展奠定基础。

# 第二节  研究历程

自 2006 年接触"概念构图教学策略"以来,经过十几年的探索,吴宁五小的概念构图教学逐步成形、深化,并产生了较大的实践影响力(见图 0-1)。在此基础上,我们对数学学科进行了深化和应用。

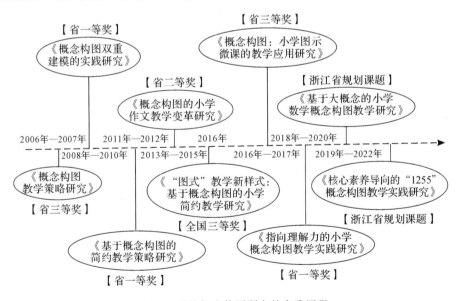

图 0-1  学校概念构图研究的实践历程

吴宁五小概念构图研究先后经历了点状推进、范式成形、分科深化三个阶段。随着认识的深化,对概念构图的认知逐渐由辅助工具,转向与课堂教学改革相结合,从工具论走向方法论,将概念构图贯穿于学校教育教学变革过程之中,形成了概念构图文化。在此基础上,进一步结合不同学科的特点及学科教学的不同课型,进行教学流程、教学设计、教学方法等的探索与开发。总的研究历程如图 0-2 所示。

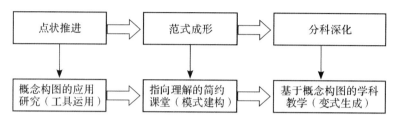

图 0-2　概念构图教学研究的三阶段

## 一、点状推进:双重建模

2006 年,在充分理解和把握概念构图教学策略的特点和适用群体后,吴宁五小决定开展"概念构图应用策略的研究"。概念构图是一种可视化的认知结构表示法,它以命题或概念为基础,对文章中的概念、字词、背景知识、结构等进行分类,然后找出各部分之间的联结关系,加上适当的联结语及联结线,以不同形式和符号呈现二维图解。概念构图以图解空间呈现概念间的联结关系,旨在帮助学习者组织、整理、记忆和联结新知识与旧知识的关系。它不仅可以作为教学策略,也可以作为评价工具。更重要的是,当学生在构图时有意识地将新知识与已经知道的概念相联结时,有意义的学习就产生了。所以,概念构图是学生有意义学习的一种元认知工具,其储存信息的方式如同大脑一样,以树枝状、节点及联结的方式储存,有助于学生快速学习及唤醒长期记忆的内容,有助于学生建构和重组知识结构。

研究初期,我们主要从理论层面把握概念构图应用于教学的可能性与优势,通过理论分析,以及在教学实践中的不断实验,形成了以概念构图为核心的教学策略,学会了如何运用好概念构图这套工具服务于教学。我们构建了两大概念构图教学策略:一是概念构图知识建模,二是概念构图方法建模,并形成了一系列适合不同学科、不同教学内容的教学模式(见图 0-3、图 0-4)。

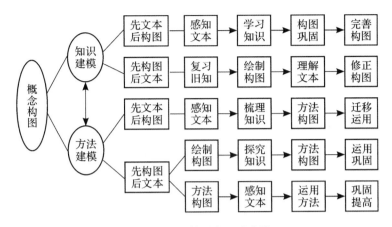

图 0-3  概念构图的双重建模

通过几年的研究,我们形成了对概念构图的草根式解读,创建了概念构图多样化的图式形式,得出了概念构图的教学策略,有效地达成理解知识和掌握方法的目标,为学生终身发展打好基础。

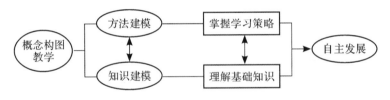

图 0-4  概念构图教学的意义

同时,我们也探索了合理运用概念构图的保障机制。一是确定教材解读模式。每位教师在开学前一周,用概念构图绘制出任教学科的知识体系图,大到全套教材、一册书,小至一个单元、一篇文章,都要绘制知识体系图,辅助教师全面、系统、有序地解读教材。二是制定教师备课方案。我们用概念构图的方法制作了教学设计模板。教师根据模板内容进行课前备课,课中作为简案使用,课后反思。三是保证课堂"一课一得"。"一得"指"让学生得到什么",课堂预设要围绕这"一得"展开,找到最佳教学切入口。教师在每堂课后要及时反思,也是"一课一得"。四是掌握"21181"时间结构模式。"21181"时间结构模式:引出问题,接触重点(2分钟左右);引导探索,感觉新知(10分钟左右);实际运用,深化理解(10分钟左右);巩固新知,拓展练习(8分钟左右);最后留出10分钟的时间,让大部分学生在课内完成作业。

概言之,在研究初期,我们主要从策略、方法的角度对概念构图如何应用于教学进行了探索,也在保障机制层面形成了一定的经验。但是,由于专注于概念构图的工具性应用,未能从整体建构的角度来重构课堂,因而可以说是"点状推进"的初级阶段。

## 二、范式成形:简约课堂

2011年,课题组针对概念构图教学比较复杂、烦琐的问题,展开了"概念构图如何促进简约化教学研究"的探讨,努力让课堂从冗繁走向凝练,从沉重走向轻松,从复杂走向简约,从低效走向高质。通过几年的探索,我们形成了基于概念构图的简约课堂的教学范式,从而在整体建构的层面,将概念构图与课堂重构、学校育人方式转型结合起来。基于概念构图的简约教学是指以概念构图为载体(或表现形式、形态),以"教学目标简明、教学内容简选、教学过程简洁、作业设计简练、思维含量丰厚"为特征,达到"轻负高质"目标的教学形态。我们的研究主要涉及四方面的内容,简称为"三简一增":简约内容、简约过程、简约作业、增加"图式"思维。以概念构图为方法与思维,形成了"三简一增"的有效策略,真正实现了课堂教学的"轻负高效"。

(一)简约内容

首先是应用概念构图进行内容整合,包括整合不同版本的内容、整合同一版本的内容、整合不同学科的内容,借助概念构图使学生更好地建立知识框架。其次是应用概念构图实现内容"聚焦",包括聚焦"一个概念""一条线索""一个学法",筛选、精编、简化教学素材,让每个简单的教学素材在课堂上发挥最大的效用。最后是应用概念构图助力内容的"发散",通过"一个学科带多个学科""一个知识点带多个知识点""一文带多文",实现内容之间的有效联结,拓展学生的思维。

(二)简约过程

基于概念构图的简约教学,在教学过程中重点凸显"知识教学"和"方法教学",对其他无关或联系不紧密的教学环节做删除或弱化处理。因此形成两大教学策略,即概念构图知识教学和概念构图方法教学。在实施过程中,教师根据教学内容和教学目标来确定应用策略。在"知识教学"方面,我们形成了先文本后构图的知识建模(见图0-5)、先构图后文本的知识建模(见图0-6);在"方法教学"方面,也形成了先文本后构图的方法建模(见图0-7)、先构图后文本的方法建模(见图0-8)。

图 0-5　先文本后构图的知识建模

图 0-6　先构图后文本的知识建模

图 0-7　先文本后构图的方法建模

图 0-8　先构图后文本的方法建模

（三）简约作业

采用多种形式的构图，引导学生自主构图或完型构图，充分搭建知识之间的关联，让知识成为可以迁移运用的活知识，改变传统教学重复训练与机械训练的弊端。

（四）增加"图式"思维

通过"应用预习图式教学"，帮助学生驶进思维"高速路"，巩固知识，迁移学法的功能，增强后设认知；通过"借助复习图整理"，在复习课中发挥概念图的"生成"功能，也为思维的递进发展提供一个无边界的"舞台"；通过"建构整体结构图"，分析各知识点之间的内在逻辑联系，合理安排各内容的顺序，建立整体内容框架，形成良好的知识结构，促进学生整体思维的养成；通过"完善局部细化图"，培养学生思维的敏捷性和理解的严谨性。

在"三简一增"的基础上，我们构建了"简约课堂"在语文和数学教学中的基本流程。语文课堂的阅读教学基本流程为：新课导入—资料介绍—构图感知—精读完善。简约语文课堂的阅读教学要求新课导入简洁明"快"，开门见山地导入新课；资料介绍要精"准"明确，具有指向性；构图感知要简"捷"清晰，帮助学生理清文章的脉络层次，理顺作者的写作顺序，让学生对课文的内容做鸟瞰式的整体感知；精读完善要简明"大"气，要提出关键问题，整合小问题引导学生思考。

简约数学课堂的教学基本流程为：导入新课—绘制构图—理解修正—课堂总结。它要求导入新课时简"约"明快，了解学生的学习起点，为"全课皆顺"作引，为高效铺路；绘制构图要简"明"清晰，引领学生绘制构图，简洁、清晰地展现学生对本知识点的思维过程；理解修正要深刻有"效"，在不断的练习中修正、完善构图，逐步加深对知识的理解；课堂总结要简练"实"在，引导学生用简洁的语言，扼要地进行概括性总结，将新知识纳入原有的知识体系中。

概言之，这一阶段，我们借助概念构图进行了简约课堂教学的开发，形成了新的课堂教学范式，这也为后续进一步分科深化奠定了实践基础。

### 三、分科深化：指向理解力的概念构图教学

分科深化是指将指向理解力的概念构图教学深化到各学科教学中。基于概念构图的简约课堂范式，我们回到课堂教学育人的原点，试图进一步深化概念构图之于课堂改革与育人的价值。通过理论研究与实践探索，发现概念构图与理解力之间有着内在的一致性。由此，在这一阶段我们将理解力作为关键目标，以概念构图教学为载体，在不同学科中尝试构建指向理解力的概念构图教学。通过不断探索，形成了指向理解力的概念构图教学的基本形态（见图 0-9）。

第一环节：初学构图。学生拿到学习内容，教师布置构图作业，学生预习构图。学生可以回顾旧知识，形成对新知识的初步整体感知，培养学生的感知力。

第二环节：互学论图。教师展示学生的预习构图，每个学生把自己的概念图和其他同学进行比较，讨论各自优缺点，互相学习借鉴，培养学生的辨析力。

第三环节：合学正图。通过师生合作与生生合作，在原有构图的基础

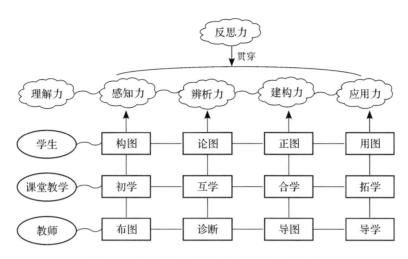

图 0-9　指向理解力的概念构图教学实践模型

上,教师通过适当的引导和点拨,学生深入学习,不断完善和修正图式,培养学生的建构力。

第四环节:拓学用图。通过拓展学习来巩固所学知识,或者引导学生把学习成果进行应用,或者延伸到课外,培养学生将知识应用到不同情境的能力。

反思力是贯穿全过程四个环节的。每个环节都会有一定程度的反思,反思原有的认知结构,反思图示的建构过程,反思学习方法和思维方式,等等。对于教师来说,各个环节也需要不断反思,可以总结整堂课的教学成果,也可以对教学过程中有遗漏的部分和未能达成目标的地方进行思考与改善,进一步完善教学方案。

基于以上课堂教学模式的建构,我们将之运用到学科教学之中,结合不同学习内容的特点,开发适切的教学流程与教学设计,真正将概念构图与学生能力发展、终身发展关联起来。

# 第三节　文献综述

## 一、数学概念图研究

在中国知网的高级检索中,在篇名栏以"数学"和"概念图"为关键词进行检索,共有中文期刊文献 18 篇。内容主要涉及数学概念图的价值、数学概念图评价应用、数学概念图的应用策略、教师学科知识评价、数学教材比较研究等。

（一）数学概念图的理论研究

在数学概念图的价值层面，已有研究充分肯定了概念图在数学教学中的积极价值。对学生而言，概念图能够促进学生的知识建构和有意义学习，能够提高学生高水平的数学思维能力。[①] 而在数学教学中以概念图引导学生开展探究性学习，有助于引导学生经历知识结构的构建，提升学生的创新意识和实践能力。[②] 进而言之，由于概念图以结构化的方式对知识进行呈现，它能够从多方面、多层次对数学概念进行理解和把握，从而引导学生建构自己的数学概念认知结构，通过把握知识之间的关联，以图解的形式构建自己的知识体系。[③] 对教师而言，通过绘制数学概念图，也可以更好地进行教学设计，帮助学生理清概念间的关系，使学生形成系统、完整的知识网络。[④] 同时，概念图还能促进教师反思，有利于实现师生互动，并作为教学评价的有效手段。[⑤] 此外，国外相关研究也证明了数学概念图的重要价值，有学者通过实证研究证明，使用概念图构建教学问题，可以帮助教师明确知识之间的关系，提高学生的计算思维能力。[⑥] 将学习过的数学知识绘成概念图的学生，其在问题解决测试中表现得更加优秀，且数学学习也更有信心和能力。[⑦] 总的来说，已有研究对数学概念图的价值进行了充分的挖掘，尤其注重概念图之于数学概念理解与知识体系建构的价值，对学生学习态度也有积极影响，亦能有效促进学生之间的交流与合作，提高学生的反思能力、逻

① 姚利娟.概念图策略下的高中数学教学实践研究[D].杭州:杭州师范大学,2011.

② 王林利,曹深.概念图在小学数学探究式学习中的应用[J].中国电化教育,2006(4):52-54.

③ 班凤.高中数学概念图教学的应用研究[D].长春:东北师范大学.2013.

④ 康玥媛,王光明.概念图及其在数学教学中的应用[J].中学数学教学参考,2007(7):13-15.

⑤ 姚利娟.概念图策略下的高中数学教学实践研究[D].杭州:杭州师范大学,2011.

⑥ Weiwei C,Zhigang L,Aihua B et al. Curriculum design for computational thinking training based on concept map[C]. International Conference on Information Technology in Medicine & Education,IEEE 2016.

⑦ Minemier L M. Concept mapping an educational tool and its use in a college level mathematics skills course[R]. 1983.

辑思维能力、问题解决能力等。[①]

在数学概念图的评价应用层面，相关研究认为，概念图作为评价工具的应用性研究成果也可为新课程所倡导的发展性评价提供参考。[②] 该研究指出，概念图是一种有效的评价方式，它能够从概念间的相互关系以及知识组织结构等角度提供有关概念性理解的丰富信息。该研究采用社会网络分析这一跨学科的方法对概念图进行数据处理，并对比分析概念图与传统评价方式的异同。该研究表明，概念定义测试、概念构图测试以及传统题三类试题在评价数学概念性理解上各有优势：在概念图中，学生很少提及相关概念的例子或反例，也不涉及概念在解题中的应用；而概念图所反映出的学生对概念的一些错误理解以及概念的组织结构是其他非开放性测试所不能揭示的。概念图也存在局限性，即它不能全面地揭示学生对某个领域内相关概念联系的理解。有研究者对概念图评价在数学预习与教学过程中的应用进行了研究，通过概念图评价法对数学知识进行提前预习，可以发现即将要学习的数学知识中的重难点以及自己难以理解的知识点，从而帮助学生在课堂上更好地进行数学知识的学习；使用概念图评价法进行教学则可以帮助学生拓展思维，使学生更容易获取知识点的相关信息。[③] 还有研究对利用概念图评价学生数学联结能力的策略进行探讨，研究指出利用概念图评价学生数学联结能力最为常见的方法是让学生在白纸上画出某一数学概念的概念图，然后对概念图进行评分，以得分评价学生的数学联结能力。常见的概念图计分方式有三种：成分结构评分法、相似度评价法和综合评定法。[④]

在数学概念图的应用策略层面，有研究者认为，概念图策略是一种顺应新一轮课程改革潮流，能够促进学生有意义地学习，使学生学会有效学习的学习策略。它可以作为一种选择性注意策略、记忆策略、组织策略，也可以作为一种精加工策略、元认知策略、创造性思维策略。概念图需要遵循一定的步骤，参照一些注意事项，其中对图形的反思和构图过程的反思需引起学生和教师关注。[⑤] 还有研究者认为，概念图的良好运用需要现代信息技术的

① 王丽军.概念图在数学作业改革中的应用研究[D].天津：天津师范大学，2011.

② 金海月.概念图在评价数学概念性理解中的应用[J].数学教育学报，2015(3)：55-59.

③ 谭岸鸣.概念图评价法在小学高年级数学教学中的应用[J].数学学习与研究，2019(20)：56.

④ 过遥，薛愈.利用概念图评价学生数学联结能力的策略探讨[J].新课程研究(上旬刊)，2018(12)：81-82.

⑤ 吴亚子.概念构图：一种有效的学习策略[J].教育实践与研究，2006(5)：10-12.

支持，在教学中要将概念图和传统教学方式相结合。小学生的思维方式要求教师注重学生的生活体验和具体情境的安排，从引入、新授、巩固等多个教学环节进行多种教学方式的结合，再辅以概念图，才能取得最佳教学效果。[①] 针对数学教学内容的差异性，概念图的应用也应进行灵活的转变，高空间能力的学生使用分割的概念图有更好的学习效果，低空间能力的学生更适合使用完整概念图；高语言能力的学生使用带有连接词的概念图更有效，低语言能力的学生使用无连接词的概念图更有效。[②] 因此，在小学数学教学中，教师应根据学生学习水平的差异，变换教学策略，加强教学针对性。[③] 应根据知识水平从易到难设计多种构图任务。[④]教师应根据学生个体差异拟订层次训练计划，并且科学引导，以保证教学活动的清晰有效。[⑤] 总体而言，在数学概念图的应用策略方面，已有研究主要强调其针对不同教学内容的适切性，注重不同类型的概念图的开发。

（二）小学数学概念图的具体实践应用研究

数学概念图的具体实践应用的相关研究主要聚焦于数学学科内部，融合数学学科育人价值与数学教学特点，从而形成了针对数学学科不同层面的概念图的应用策略以及对其优势、不足的分析。概念图在数学学科中的应用主要涉及概念图对培养学生逻辑推理能力的影响、概念图引导型构图题的研究与实践、尝试运用概念图辅助数学教学、概念构图策略在数学复习课中的应用、教师学科知识评价与数学教材比较研究等。

在概念构图对培养学生逻辑推理能力的影响方面，有研究指出了概念构图及培养学生逻辑推理能力的重要意义[⑥]，指出了可以通过正确认识学生

——————————

① 崔灵灵.概念图在小学数学概念教学中的应用研究[D].郑州：河南大学，2014.

② Wiegmann D A, Dansereau D F, Mccagg E C et al. Effects of knowledge map characteristics on information processing [J]. Contemporary Educational Psychology，1992（2）：136-155.

③ 王林利，曹深.概念图在小学数学探究式学习中的应用[J].中国电化教育，2006（4）：52-54.

④ 厉毅.概念图支架在远程协作学习中的应用探索[J].中国远程教育，2009（10）：37-40，79-80.

⑤ 王文丽.运用概念图策略组织生物课堂教学实践初探[J].课程·教材·教法，2007（7）：42-44.

⑥ 唐逸浓.概念构图对培养学生的逻辑推理能力的影响[J].中学生数理化（教与学），2017（10）：13.

的主体地位、培养学生的思维能力、设置合适的教学情境、运用先行组织者策略来实现利用概念构图培养学生逻辑推理能力的目标。还有研究指出，通过建构概念图，学生可建立起概念间的结构，提高逻辑推理能力。在TOLT测试中发现除组合推理没有太大差别外，其他推理都是利用概念图学习的实验班高于控制班。各项推理发展很不一致，发展得最好的是比例推理，其次是组合推理。①

在概念图引导型构图题的研究与实践中，用于学生评价的技术主要有三种形式：C技术、S技术和F技术。基于这三种技术，有研究者提出另一种技术——概念图引导型构图题（简称G技术）。② 研究通过教学实验检验了G技术的测试区分度、难度、信度和效度，以及它与传统题型共同组成考卷的测试区分度、难度和信度，并按照G技术的特点设计与之相适应的填图质量与整体效果评分方法，检验G技术对学生学业成绩的影响效果。通过各项实验结果得出以下实验结论：①概念图引导型构图题具有较好的检测效果和成绩预测效果，从而促进学生学习；②概念图引导型构图题能促进学生成绩提高，从而促进教学。而后，研究者指出，G技术教育价值不仅体现在促进学生学习效果和学业成绩的提高上，还可体现在：G技术适合于各种类型的学生评价；既可用于学生的终结性考试，也可用于学生的形成性评价。

在尝试运用概念构图辅助数学教学的研究中，有研究者总结了概念构图在数学教学中的应用：①利用概念构图培养学生预习能力；②利用概念构图进行教学分析；③利用概念构图进行难题解释；④利用概念构图进行复习检测。③ 研究者认为，概念图具有科学性和艺术性，可以有效激发学生求知欲；概念图具有较强的逻辑性与组织性，有利于学生掌握学习方法和实践应用能力；概念图具有表征性和创意性，有助于开展个性化学习和小组合作学习；概念图具有简约再生性与结构性，能够有效组织信息及构建完整的知识体系。由此，概念图可以在数学学习的各个场域中被应用，包括课外自主学习、新课学习（将概念图作为"先行组织者"、将概念图作为"知识地图"和"学习定位图"、将概念图作为教学内容的"展示平台"），还可以用于复习课、研

① 吴剑.“概念构图”对高中生逻辑推理能力的影响[D].桂林：广西师范大学，2004.

② 刘荣玄，朱少平.概念图引导型构图题的研究与实践[J].数学教育学报，2017(2)：86-91.

③ 陈侃侃.不妨尝试运用“概念构图”辅助数学教学[J].中小学数学（小学版），2009(6)：16-17.

究课与教学评价之中。①

　　在概念构图策略在数学复习课中的应用研究中，有研究者通过分析传统复习课的不足，提出了运用概念构图进行复习的操作流程与教学策略，这一流程包括：学生课前预习构图—选用一幅学生概念图—评议修改—运用生成图教学，并再度修改—完成教学。② 还有研究者通过实证研究，表明运用概念构图的高二数学复习课对参与研究的实验班学生在复习习惯、知识的丰富度（包括深度、广度、完整性、联系性）等方面有一定的影响。概念图应用于数学复习在一定程度上能够改善学生的学习习惯，数学水平层次处于中上等的学生更容易受到影响，尤其是在知识的清晰度、联系性、系统性、完整性、准确性等方面都有很大程度的改进，但是对态度不够积极的、数学水平处于中下等的学生效果不太显著。③

　　在数学教材比较方面，为了使研究结果具有代表性和推广性，有研究以概念图为研究工具，对澳大利亚 VCE 版本、美国 Glencoe 的代数 2、英国 A-Level 版本进阶数学（高等数学）中的 Further Pure Mathematics 和中国人教版普通高中实验教科书选修 4-2"矩阵与变换"进行了比较研究。④ 选取其中与矩阵有关的内容，比较四国教材中矩阵内容的广度和深度，并从"矩阵的概念""矩阵的运算""图形的变换""行列式及其他"四个模块分别进一步比较了四国教材矩阵内容中数学知识的深度。根据研究结论，研究者对中国高中数学中矩阵内容的教材编写提出以下几点建议：①保持优势，重视"双基"；②广度和深度相适宜；③合理运用信息技术；④完善高中矩阵内容的知识结构。以概念图为研究工具对数学教材进行研究，进一步彰显了概念图之于数学学科的适用性，这为后续的研究奠定了基础。

　　概言之，不论是作为新颖的教学工具，辅助教师教学设计、促进学生自主学习或合作学习，还是作为课堂笔记的辅助工具，引发头脑风暴的星星之火；也不论是在课内或课外，还是在多媒体教学或网络教学中，概念图的应用都能够较好地体现先进的教学理念、教学方法，促进学生培养数学思维习

　　① 陈永光.概念图在初中数学教学中的有效应用探析[J].周口师范学院学报,2016(4):148-152.
　　② 陈侃侃.概念构图策略在数学复习课中的应用[J].小学教学参考,2008(35):10-11.
　　③ 张艳.基于概念图策略的高二数学复习课研究[D].上海:华东师范大学,2015.
　　④ 胡典顺,王春静,王静.基于概念图的中外高中数学教材比较研究:以澳大利亚、美国、英国和中国教材中矩阵内容为例[J].数学教育学报,2020(3):37-42,62.

惯,构建整体数学概念。① 然而,已有研究的深度和广度还有待提升,尤其是对于数学概念图的绘制、分析与应用等问题,以及针对不同教学内容的具体策略,还需要进行多视角、全方位的探究和实践研究。

## 二、数学概念构图教学研究

### (一)数学概念构图教学的学生培养

学生培养,具体涉及个体 CPFS 结构与概念构图能力的相关性、核心素养培养、学生认知影响等。但在利用概念构图手段促进学生 CPFS 概念认知结构建构,数学抽象、数学建模和直观想象等数学核心素养培养,促进小学生数学认知等方面,还需要深入的研究和实践。

在个体 CPFS 心理结构②与概念构图能力的相关性方面,相关研究通过对 46 名高中生的实证研究,分析论证得出:个体的 CPFS 心理结构与其概念构图能力之间存在较为密切的联系。③ 而从 CPFS 心理结构看,概念域是某一概念的等价定义的图式,反映了从不同侧面对同一概念的描述,揭示了概念之间的等值抽象关系;概念系则刻画了一组数学概念之间由数学抽象关系组成的知识网络在头脑中的贮存方式。同样,命题域是一组等价命题的图式;命题系是一个半等价命题网络的图式,二者精确地描绘了数学命题及其关系在头脑中的组织形式。数学概念、命题作为存在的事实是陈述性知识;作为解决数学问题的基础和依据,它们又是可操作的程序性知识,CPFS心理结构使这些知识得以整合,形成一种数学学习特有的认知结构。④ 所以,可以从狭义角度来将 CPFS 心理结构视为 CPFS 概念认知结构,而数学概念构图教学可以促进学生形成 CPFS 概念认知结构。该结构其实也是学生个体头脑中内化的数学概念知识网络,网络中概念知识点之间具有数学及其思维方法,"连线集"则为"数学及其思维方法系统"⑤。但在利用概念构

---

① 陈永光.概念图在初中数学教学中的有效应用探析[J].周口师范学院学报,2016 (4):148-152.

② 个体的心理结构由概念域(concept field)、概念系(concept system)、命题域 (proposition field)、命题系(proposition system)组成,其简称为 CPFS,其中"CP"指概念 (concept)和命题(propositio),"FS"指域(field)和系(system)。

③ 陆珺.个体 CPFS 结构与概念构图能力的相关性研究[J].数学教育学报,2011(4): 13-15.

④ 喻平.数学教育心理学[M].桂林:广西教育出版社,2004.

⑤ 喻平,单墫.数学学习心理的 CPFS 结构理论[J].数学教育学报,2003(1):12-16.

图手段促进学生 CPFS 概念认知结构建构方面,还需要深入的研究和实践。

在核心素养培养方面,已有研究只强调数学知识教学是学生获得数学素养的重要载体,而数学概念是构成数学基础知识的重要内容,还没有结合数学抽象、逻辑推理、数学建模、直观想象、数学运算、数据分析等具体数学核心素养做深入探索。目前,关于具体核心素养培养,还只有逻辑推理能力和素养培养方面,相关研究以观测学生使用概念构图后对逻辑推理能力是否有显著影响为目的进行研究。[①] 从逻辑推理能力测试的理论依据和因素分析介绍对逻辑推理能力的测量,并就针对学生不同层次理解能力的因材施教、确保学生知识结构的基础性和熟练化、建立原型化和概括化的个人定理知识库、鼓励学生用自己语言来表达物理概念、定律、现象等方面给出了教学建议。但除了逻辑推理之外,数学抽象、数学建模和直观想象等数学核心素养,也是非常适合用概念构图展开教学的,有待相关研究做进一步拓展。

在学生认知影响方面,相关研究对 3 个不同的教学班分别采用传统教学法、概念图教法和概念图制作的教学实验,以传统教学法为参照,考察概念图教法、概念图制作对大学生学业成绩和认知水平的影响效果。[②] 结果显示,在大学阶段,概念图制作比概念图教法更能促进学生的学业成绩及认知水平的提高。这一结果与国内外以往研究的相关结果高度一致。[③] 国内学者王立君在"概念图对学生成绩和态度影响的元分析"中,运用测量和统计分析技术,提取了既往概念图研究报告的独立效果量,并分别对小学、初中、高中和大学学生利用概念图进行学习的效果量进行了合成,结果是:大学生的合成效果量最大,其次是初中生,再次是高中生,小学生排第 4。[④] 小学生使用概念图进行学习效果差的原因可能是概念图这一知识表征工具对小学生来说偏难,小学生的知识量、认知水平和思维能力还不足以支持使用这种学习工具。但当下小学生的数学认知能力已经有了较大提高,利用概念构图促进小学生数学认知,这方面有待做进一步深入探索。

---

① 吴剑."概念构图"对高中生逻辑推理能力的影响[D].南宁:广西师范大学,2004.

② 刘荣玄,蔡金,赖清.概念图在数学教学中对学生认知影响的实证研究[J].数学教育学报,2019(1):83-88.

③ 王兄,汤服成.概念图及其在数学学习中的现实意义[J].数学教育学报,2004(3):16-18.

④ 吴亚子.概念构图策略对学生成绩、学习效能的影响研究[D].南京:南京师范大学,2006.

(二)数学概念构图教学的教学设计

教学设计优面,具体涉及宏观教学设计、微观问题设计等,但还需要进一步结合师生交互和学生认知促进,辅以情境概念构图等来加深对知识点和问题情境的理解,进行概念构图教学设计优化。

在宏观教学设计方面,相关研究借助概念图这一工具,其实也就是概念构图,为广大中小学教师的教学设计提供了新的视角和方法。[①] 首先,已有研究指出,概念图可运用于教学工具和教学策略、学习工具和学习策略、评价工具3个方面。概念构图作为整理加工信息的工具,奠定了教学设计的逻辑起点;概念构图作为实现高级思维的表现和训练方式,提供教学设计的可能方案;概念构图还作为元认知的有效途径,促进教学设计的反思优化。其次,研究指出了概念构图用于中学教学设计的具体操作方法:深入分析教学内容,构勒合理的知识概念图;广泛思考教学资源,构画完善的教学资源概念图;深刻反思教学图式,构成最佳的教学设计概念图。但该概念构图融入的宏观教学设计还比较粗浅,还需要进一步结合师生交互和学生认知促进等方面来做深入的探索。

在微观问题设计方面,相关研究[②]提出可从问题情境设计和问题串设计来进行数学概念构图教学。具体而言,首先,结合学生已有经验设计问题情境,让学生积极主动地参与到问题讨论中,从而在讨论中掌握数学概念。其次,在问题串设计时需遵循有梯度、有变化、有延展性和有概括性4个原则,让学生由易到难逐步掌握数学概念,逐步推进其学习进程,从而使学生充分掌握、理解和运用数学概念。通过问题串设计,可以使学生更快、更有效地掌握知识点,更好地理解并运用数学概念。还有研究提出了数学概念构图教学的具体流程,包括选择知识范围、理清概念层次、添加连接符、完善概念图,学生掌握概念图的学习策略,需要经历"识图—制图—用图"3个阶段。[③] Roth 和 Roychoudhury 将概念图作为知识的协同建构工具,为课堂上协同构建概念图提供了一系列建议:建立层次结构和交叉链接的持续指导,促进

① 童莉.基于概念构图的教学设计:以中学数学教学为例[J].教育理论与实践,2014
(23):46-48.

② 沈利玲.基于问题设计的小学数学概念教学[J].教学与管理,2019(29):45-47.

③ 张崇利.概念图在小学数学课堂教学中的实践应用[D].成都:四川师范大学,2019.

学生表达概念图中的关系,为个别学生分配特定角色等。[①] 总体而言,概念构图主要作为加深对知识点和问题情境的理解的辅助工具,还没有研究对这方面做深入探索。

(三)数学概念构图教学的应用评价

应用评价,具体涉及概念图引导型构图题应用、优化策略、数学概念性理解评价、教师学科知识评价等。但还需要结合不同数学概念特点做不同概念构图技术的分类应用,指向学生认知和师生交互研究的具体操作流程与教学策略支撑,进一步深入开发小学数学学科的概念构图可视化应用案例。

在概念图引导型构图题方面,相关研究[②]在 C 技术、S 技术和 F 技术这 3 种已有技术的基础上提出了 G 技术,即概念模式图引导型概念构图(construct a map in guide of the concept map template)。

研究通过对 2 个班级的教学实验,得出以下实验结论:G 技术具有较好的检测效果和成绩预测效果,从而促进学生学习;G 技术能促进学生的学业成绩提高,从而促进教师教学。而且,G 技术教育价值不仅体现在促进学习效率和学业成绩的提高上,还可体现在 G 技术适合于各种类型的学生评价,既可用于学生的终结性考核,也可用于学生的形成性评价。总的来说,C 技术、S 技术、F 技术和 G 技术都是概念构图的技术手段,但还需要结合不同数学概念特点做进一步整合应用。

在优化策略方式方面,相关研究指出概念图能以形象化的方式反映知识之间的逻辑关系与组织结构,是一种行之有效的教学优化工具。[③] 强调在数学教学中使用概念图,能够促进学生认知能力的发展,促进师生之间的交流,有效评价教学成果,能够支持合作学习。同时,还建议在优化数学教学过程中,概念图应用在数学新授课和复习课中构建知识体系。其实,概念绘

---

① Roth W M, Roychoudhury A. The concept map as a tool for the collaborative construction of knowledge: a microanalysis of high school physics students [J]. Journal of Research in Science Teaching,1993(5): 503-534.

② 刘荣玄,朱少平.概念图引导型构图题的研究与实践[J].数学教育学报,2017(2): 86-91;Ruiz-Primo M A, Schultz S E, Li M, et al. Comparison of the reliability and validity of scores from two concept-mapping techniques[J]. Journal of Research in Science Teaching, 2001(3): 260-278;王立君,姚广珍.物理概念图试题的评分方法[J].心理发展与教育,2004(4): 84-88.

③ 纪宏伟.概念图在优化数学教学中的有效应用[J].教学与管理,2017(15):101-103.

图在新授课中可以较为统一地初步构建知识体系,而在复习课中则可以进一步引导学生个人或小组进行概念知识体系的可行化绘制。另外,相关研究就概念构图策略在数学复习课中的应用,通过分析传统复习课中的不足,提出了运用概念构图进行复习的一种操作流程与教学策略,并通过实例从 3 个方面讲解了如何使用概念构图进行数学复习。[①] 其中,在促进学生认知能力的发展、促进师生之间的交流方面,还没有具体的操作流程与教学策略支撑,有待进一步深入研究。

在数学概念性理解评价方面,相关研究[②]以江苏省某中学 48 名学生为研究对象,研究材料由 3 类测试卷组成:概念定义测试卷、概念构图测试卷以及传统题卷。收集数据后通过 Novak 的传统分析法和社会网络分析法对数据进行分析。研究发现,概念图也存在局限性,它不能全面地揭示学生对某领域内相关概念联系的理解,结合不同类型的测试有助于获得有关学生概念性理解的更为完整的信息。其实,概念构图综合测试卷也可以囊括概念定义测试卷和传统题卷,但还没有相关研究来进行这方面的实践和研究。

对在教师学科知识评价方面,相关研究通过 3 种概念构图任务(填充概念图、基于核心概念构图和基于焦点问题构图)对陕西 3 所小学共 57 位教师学科知识进行评价。[③] 研究发现,概念图能够成为小学数学教师学科知识评价工具,评价结果显示小学数学教师存在学科本体性知识不足、知识碎片化严重以及知识结构不甚合理等问题;与"填充概念图"和"基于核心概念构图"相比,"基于焦点问题构图"能更准确、更灵敏地评价教师学科知识。该研究针对小学数学教师存在着学科本体性知识不足、知识碎片化程度严重及知识结构不甚合理等问题提出了有效建议,即在教师继续教育中要进一步注重学科本体性知识,在中小学教材编排上要更加注重知识的结构性呈现,将概念图等知识可视化工具纳入师范生及教师继续教育体系。但概念构图这一动态可视化工具的应用案例,尤其在小学数学学科方面,还存在较大不足,有待深入研究实践和整理呈现后,才能助力职前和职后的教师培训。

---

① 陈侃侃.概念构图策略在数学复习课中的应用[J].小学教学参考,2008(35):10-11.

② 金海月.概念图在评价数学概念性理解中的应用[J].数学教育学报,2015(3):55-59.

③ 赵国庆,熊雅雯.应用概念图评价小学数学教师学科知识的实证研究[J].电化教育研究,2018(12):108-115,128.

### 三、关于深度理解的研究

"理解"一词在日常生活中有了解、知道、情感认同等意思,多用于人与人之间。在教育学视域下,对"理解"一词的用法主要有两条路径:一是诠释学路向,即以诠释学为理论基础、思想方法来界定教育中的"理解",这种路向是以"诠释学—教育"的进路展开的,它以区别的态度看待认识与理解,将理解作为解释意义的重要方式;二是综合路向,即从教育学实践层面出发,把理解视为一种诠释学、心理学、社会学等学科领域中理解的综合产物,它既是本体的,也是认识的,还是方法的,并且在教育学中有不同类型和层次的表征。第一种路向有利于利用诠释学理论对我国传统教育观念进行批判反思,建构指向人生意义的理解观;第二种路向有利于从具体教育实践出发对理解进行操作性把握,并将教育学传统与当代教育学观念进行有效整合。① 所谓"深度理解"是相较于"浅层理解"的,相对于传统认识论立场上停留于文本内容本身的浅层理解,深度理解之深度并非难度,而是追求理解的丰富性和完整性。②

在中国知网,以"深度理解"为关键词进行篇名检索,直接相关的研究较少,此类研究主要以"深度理解"为价值展开对不同学科教学的探讨,将其作为研究学科教学的重要视角。此外,也有观点表明,深度理解与深度学习密切相关,深度学习是一种以理解为基础的学习③,如何促进学生的深度理解是深度学习中的一个重要问题。深度理解既是深度学习的过程又是深度学习的结果,既是深度学习的目的又是深度学习的基础。Biggs、Entwistle 和 Ramsden 等学者认为,深度学习是学习者个体运用多样化的学习策略,如广泛阅读、整合资源、交流思想、建立单个信息与知识结构之间的联系、应用知识来解决真实情境中的复杂问题等,来获取对学习材料的理解。④

(一)深度理解的特征

从认知心理学的角度来看,理解是一种心智模式(mental models)或图

---

式(schemata)。① 理解一个主题的前提在于具备良好的心智模式或图式。有学者将发展这种理解的学习活动称为"意义生成活动",即学习者用已有知识在新的信息中创生意义,在事实与观点间建立起关联时,理解得到了发展。② 还有研究认为,理解是一种"实作",即理解一个主题是能够充分利用自己对该主题的了解,创造性地思考和行动。③ 在此基础上,唐恒均等人的研究总结了有关"理解"的两种模式,即"理解"的"心智模式说"和"实作说",认为两种观点是相互补充的,构成了对理解的完整认识:理解既是对某一主题形成的一种心智模式,也是借助已有理解实现的创造性思考与行动。④ 通过对相关研究的整合,发现深度理解具有丰富性、完整性、实践性的特点。

1. 深度理解的丰富性

从本质上来说,深度理解包括了学生对文本的建构和对自我的建构,学生以自己的经历和体验,感知、体验文本所构筑的世界,探寻文本世界的意义。⑤ 深度理解是学生与文本、学生与文本作者之间对话的过程,是学生主动地建构意义,而不是简单地复制,由于观点的不同和视界的多元,这样建构的意义具有丰富性。⑥

2. 深度理解的完整性

从内在结构来说,理解除了获取与阐释文本内容的能力外,还包括比较和评价的能力、反思和应用的能力。因此,深度理解要体现理解能力的各个要素的共同参与,是多种思维共同参与的活动,而不仅仅体现某一种思维活动。⑦ 同时,这个完整性也指内容被理解的完整性,哲学家施莱尔马赫

① Gentner D,Stevens A L. Mental models[M]. Hillsdale NJ:Lawrence Erlbaum Associates,1983.

② 陈家刚.促进理解性学习的课程和教学设计原则[J].全球教育展望,2013(1):53-61.

③ Perkins D N,Unger C. Teaching and Learning for Understanding[A]//Reigeluth C M. Instructional Design Theories and Models[M]. Mahwah NJ:Lawrence Erlbaum Associates,1999:91-114.

④ 唐恒钧,张维忠,陈碧芬.基于深度理解的问题链教学[J].教育发展研究,2020(4):53-57.

⑤ 曹明海.当代文本解读观的变革[J].文学评论,2003(6):156

⑥ 伍远岳,伍彪支.基于理解能力表现标准的深度理解教学[J].教育发展研究,2013(8):76-80.

⑦ 伍远岳,伍彪支.基于理解能力表现标准的深度理解教学[J].教育发展研究,2013(8):76-80.

(Schleiermacher)认为："理解是一个循环过程。部分的意义只有在整体的背景下才能被理解。但是若不理解部分，就没有对整体的理解。因此，理解需要一个从部分到整体、从整体到部分的循环运动，称为诠释学循环。"①

3.深度理解的实践性

根据"实作说"，深度理解需要由对文本原文的诠释走向创造性思考与行动。有研究者从学习动机、学习内容、学习方式、学习过程和学习结果等层面对深度学习与浅层学习的实践特质进行了比较，认为"切身体验""高阶思维"是深度学习的两个过程质量显示器，深度理解、实践创新则是深度学习的两个结果质量显示器。② 这就将深度理解与实践创新相联结，将深度理解作为实践创新的前提和基础，将实践创新作为衡量深度理解的重要参考。也有研究者将深度理解与解决现实问题相联结，认为现实的问题不是那种套用规则和方法就能够解决的良构领域（well-structured domain）的问题，而是结构分散、规则冗杂的劣构领域（ill-structured domain）的问题。解决这种劣构领域的问题，不仅需要我们掌握原理及其适切的场域，还要求我们能运用原理分析问题并创造性地解决问题。③

以上有关深度理解的内涵及特征的阐述，对于本研究进一步厘清深度理解的内涵，以及深度理解与概念构图之间的关系，有重要启示。

**（二）促进深度理解的策略**

通过查阅文献，已有促进深度理解的策略既与深度学习理论、深度教学有关，也与其他教学模式、教学理论有关。研究者借助深度学习理论、诠释学理论、心理学理论等，形成了各种促进深度理解的策略。

1.深度教学视域下的深度理解策略

由格兰特·威金斯等人主持的"为理解而设计"（Understanding by Design，UbD）项目中，采用逆向设计来促进深度学习。逆向设计主要包括三个阶段：一是识别期望的学习结果，即期望持续理解或深度理解的是什么；二是确定可接受的证据，即要像评价者一样思考如何才能确定学生是否已达成所预期的理解，搜集能证明理解的证据并考虑评价的方法；三是设计学习经验及教学活动，给予学生大量的机会去自己推理、概括、建构意义，并

---

① 加拉格尔.解释学与教育[M].张光陆，译.上海：华东师范大学出版社，2009：59.
② 李松林，贺慧，张燕.深度学习究竟是什么样的学习[J].教育·科学·研究，2018(10)：54-58.
③ 安富海.促进深度学习的课堂教学策略研究[J].课程·教材·教法，2014(11)：57-62.

将之迁移到新的场景中。① 我国由田慧生、郭华团队推进的深度学习教学改进,项目则以单元学习为主导,要求教师把握学科核心素养、学科核心内容之间的关系,通过选择单元学习主题、确定单元学习目标、设计单元学习活动、开展持续性评价等四大环节,在教学中抓住四个关键策略,即:创设情境,将概念与情境链接,把核心素养与课程内容关联;以学生发展为中心的实践性学习,让学习过程中的思维外显;在深层互动中学习,让学生将知识、技能与方法运用到问题解决之中;教师开展集体学习,不断优化教学设计。② 也有学者指出,问题解决学习是深度学习的基本模式,课题研究与项目创作则是问题解决学习的两种基本方式。③ 还有学者认为,深度教学关注知识的内在结构,即关注符号表征、逻辑形式与意义。深度教学是理解性的课堂,不是灌输性的教学。深度教学要求学生理解如下几个方面的内容:一是理解事物及其本质,即理解知识的符号;二是理解知识的逻辑及思想;三是理解关系及规律,注重人与历史、人与社会、人与文化、人与他人、人与自我的种种理解关系;四是理解他人及自我,引导学生理解自身与教师、同伴的关系,以及对自我的理解。④ 概言之,深度学习是一种基于高阶思维发展的理解性学习,具有注重批判理解、强调内容整合、促进知识建构、着意迁移运用等特征。深度学习不仅需要学生积极主动地参与,还需要教师通过确立高阶思维发展的教学目标、整合意义联接的学习内容、创设促进深度学习的真实情景、选择持续关注的评价方式进行积极引导。⑤

在深度学习教学理念下,强调的是对有难度的、有挑战的内容进行深加工,注重教师的引导作用,从而让学习真正发生,通过对教学内容的深度理解,建构意义,使之成为学生生命发展的一部分。

2.其他视域下的深度理解策略

有研究基于对"理解"的认识,认为促进深度理解的教学旨在解决教学过程中肤浅理解、没有理解导致的教学无效问题,指向深度理解的教学要求

① 刘月霞,郭华.深度学习:走向核心素养(理论普及读本)[M].北京:教育科学出版社,2018.
② 刘月霞,郭华.深度学习:走向核心素养(理论普及读本)[M].北京:教育科学出版社,2018.
③ 李松林,贺慧,张燕.深度学习究竟是什么样的学习[J].教育科学研究,2018(10):54-58.
④ 伍远岳.论深度教学:内涵、特征与标准[J].教育研究与实验,2017(4):58-65.
⑤ 安富海.促进深度学习的课堂教学策略研究[J].课程·教材·教法,2014(11):57-62.

对"理解"的本质进行深刻理解，建立有科学依据的"理解观"。研究以诠释学理论为基础，认为理解某物需要调用前理解，理解是建立联系的过程，理解是不断修改前理解的过程，理解是一个不断从部分到整体，再从整体到部分的循环过程。教师应建立为理解而教的理念，在师生互动中促进学生的理解。具体策略有四：一是设置新知与旧知的认知冲突，从而开启理解的过程；二是利用先行组织者在新旧知识之间搭建认知桥，帮助学生对前理解的理解向新知识迁移；三是利用变易设计将理解对象从背景中突出，通过变易关键要素让学生审辨出内容的属性，进而产生理解；四是为学生提供新知识的诠释学循环，让学生把握新知识在整个知识体系中的位置。[①]

有研究以问题链教学为载体，探索了促进深度理解的具体策略。研究指出，为实现深度理解，需要学习者积极而充满思考地参与意义建构过程，并在不断探究中形成良好的心智模式；同时，在利用已有理解的基础上，灵活地思考与行动，使理解在主题上得以拓展，在程度上得以深化。其中，学习者的主动参与和深度思考以及心智模式的激活与优化是实现深度理解的基本策略。问题链教学正是在这些方面为深度理解提供了可能。在教学设计中：一是以三大关联为依据寻找问题链教学切入点，即关注关联的内容以及由此而形成的三个不同层次的关联，即表层信息关联、思考方法关联、思考视角关联。二是以学科核心思维方法为脉络架设问题链，选择适当的学科思维方法作为主线，设计不断演进和发展的主干问题。三是以问题功能为依据为学生提供思考与表达的空间，通过起点问题、延伸问题、提炼问题将学习者卷入思考性的学习活动中，在问题解决过程中建构新知识、建立概念间丰富的网络结构，从而促进学生深度理解的发展。[②]

有研究以理解能力表现标准为视角，探索了深度理解教学的具体策略。研究认为，基于理解能力表现标准的深度理解教学，是基于标准的教学，也是为了标准的教学。基于理解能力表现标准的深度理解教学具体包括如下步骤：一是对学生进行预评估；二是根据理解能力表现标准设计教学目标；三是营造积极的课堂文化；四是预备与激活理解的背景知识；五是深度加工信息；六是评价学生理解能力的发展。同时，在这个过程中，教师是理解能

①　吕星宇.促进学生深度理解的教学策略：基于理解的过程[J].教育导刊，2021(4)：66-71.

②　唐恒钧，张维忠，陈碧芬.基于深度理解的问题链教学[J].教育发展研究，2020(4)：53-57.

力表现标准的解读者、基于能力表现标准的学习目标的制定者、学生背景知识的提供与激活者,以及基于能力表现标准的评估设计者与实施者。研究认为,只有教师的角色实现了转化,才能够帮助学生更完整、更丰富地理解文本,真正实现深度理解。①

以上研究基于一定的理论视角,以一定的教学模式、教学理论为基础,通过优化教学设计以促进学生深度理解的发生。然而,已有研究虽然提出了大量的策略,但要么过于抽象而缺乏操作性,要么缺乏必要的载体而难以实施,这就有待进一步结合具体学科的特性与教学实践的需要,开发适切的教学工具。

(三)数学学科教学中的深度理解研究

有关数学学科教学中的深度理解的研究同样呈现出对深度教学或深度学习的关注,借助深度学习或深度教学以促成数学的深度理解。

在深度学习或深度教学层面,马云鹏以小学数学学科为例,展现了深度学习的理解与实践模式。他指出,深度学习作为一种教学理解和教学设计模式,旨在通过整体的教学内容分析,设计有助于学生深度思考的教学活动,使体现学科本质、关注学习过程和富有深度思考的学习活动真正发生。他通过"小数除法"的教学,展示深度学习的教学设计的程序与方法,具体包括:情境引入,激活思维;深度探究,主动建构;感受细分,形成算理;持续性评价等。②刘晓玫也认为,数学深度学习是指向学生理解数学本质概念、提升数学思维能力、促进学科核心素养获得的学习过程。单元学习的主题为深度学习的开展提供了有效的抓手。教师在课程实施中,确定单元学习主题类型,在此基础上完成单元学习主题确定、单元目标确定、深度学习活动设计以及持续性评价等主要环节,实现数学深度学习的全过程。③吴宏在其博士论文中有针对性地探讨了小学数学深度教学的策略:一是以能力培养为目标的教学设计;二是为学生提供数学活动的机会,丰富学生的数学活动经验;三是恰当地渗透数学思想方法;四是有机地融入数学文化;五是以小学生数学深度学习的成果为依据,确立深度学习的评价目标,选择表现性评

①　伍远岳,伍彪支.基于理解能力表现标准的深度理解教学[J].教育发展研究,2013(8):76-80.

②　马云鹏.深度学习的理解与实践模式:以小学数学学科为例[J].课程·教材·教法,2017(4):60-67.

③　刘晓玫.数学深度学习的教学理解与策略[J].基础教育课程,2019(8):33-38.

价方式。<sup>①</sup> 还有研究关注学生的"持久理解",持久理解往往超越孤立或零散的知识,是知识背后关键性的概念(观念)、原则和方法,具有超越课堂的价值,对学生的一生有重大意义。根据持久理解的内容和评估形式设计理解活动,首先要进行单元设计,这是实现持久理解的前提。单元设计一般遵循"ADDIE 模型",即分析设计、开发实施、评价。具体分 3 个阶段:首先是课前调查访谈,产生基本问题、单元问题、引导性问题、综合性操作任务,做好单元教学设计、课时教学设计和评估标准及形式确定;其次是通过课堂上与学生的对话、交流,展示学生思维过程,引导学生把所学内容和持久理解建立联系;最后是课后的迁移应用,反馈持久理解完成情况。综合性操作任务、作业、单元测试都是评价学生持久理解的形式。<sup>②</sup>

有研究以概念教学为载体,提出了促进深度理解的概念教学的具体策略,包括:指向建构的基础性教学策略、指向应用的支持性教学策略、指向联通的整合性教学策略。具体而言,数学概念的学习一般要经历以下四个阶段:概念操作、概念意会、概念定义和概念运用。这四个阶段的学习是循序渐进、依次推进的。在概念教学的初始阶段,借助结构化的材料,在具体操作中建立表征,实现表征之间的转换,经历从概念过程到结构的理解。当学生已对概念有了一定的理解后,就应进行支持性的概念教学,学生在变式练习中进一步抽象,纠正认知偏差,在应用中多重建构、解构和重构。学生对概念有了清晰的建构,还需要关注概念的前因后果,对概念做进一步梳理,进行整合性的教学,促进学生深度理解、联通相关概念,形成概念网络。<sup>③</sup>

针对数学概念的深度理解,有研究以科学有效的"问题串"作为学生深度理解数学概念的"导航仪"。所谓"问题串"是指围绕某一课程目标和主题,在一定范围内连续设置的两个或两个以上且存在一定逻辑结构关系的一系列问题。以"问题串"促进数学概念深度理解的具体策略包括:关注学生的生活情境,引发数学概念的自然生成;关注概念本质的问题设计,引导学生尝试对数学进行科学研究。<sup>④</sup> 有研究者认为,数学理解是以概念及其关

① 吴宏.小学数学深度教学研究[D].武汉:华中师范大学,2018.

② 夏繁军.关注数学"持久理解",促进学生深度学习[J].中学数学教学参考,2016 (Z1):29-33.

③ 张优幼.促进深度理解的概念教学策略[J].小学教学研究,2019(4):68-71.

④ 邵秋芳.科学"问题串",概念"导航仪":促进学生深度理解数学概念的有效策略[J].数学学习与研究,2016(14):122.

系为核心的意义复原与生成过程。与一般的理解相比,数学理解具有典型的学科意蕴。数学理解不仅是学生认知维度上的一个节点,也是数学课程与教学的存在方式。由此,研究者建构了促进数学理解的策略:一是基于经验,建立学校数学与日常数学的联系;二是经历过程,让学生自己建构数学知识;三是丰富表征,用多种方式呈现数学知识;四是形成结构,促进认知结构再组织;五是感受意义,基于真实任务解决问题。[①] 还有研究者强调了数学图示在理解数学概念中的价值,包括:借助数学图示,认识概念内涵;依托数学图示,区别新旧知识;依托数学图表,学会应用知识等。[②]

还有研究以多样化思维为载体,将思维与数学的深度理解贯通,认为数学是培养学生逻辑思维的主要学科,数学教学是思维活动的教学。数学教学应在学生多样化思维能力协同发展的同时促进学生深度理解数学,具体包括:一是触发直观思维,促进学生深刻理解;二是引发类比思维,促进学生融合理解;三是启发求异思维,促进学生深度理解。[③] 有研究以数学文化为载体,强调通过数学文化融入促进学生对数学的深度理解。通过丰富文化内容,让学生感悟数学思想;通过融入多媒体技术,让学生理解抽象概念;通过开展丰富的活动,拓展学生视野。[④] 该研究以圆的知识的学习为例,展现了数学文化促进数学理解的可能。

此外,还有研究者针对数学的具体教学提出了促进深度理解的策略。例如公式教学的策略:借助历史素材,促进本源性理解;优化推导方案,促进过程性理解;引导鉴赏活动,促进结构性理解;加强新旧联系,促进逻辑性理解。[⑤] 又如整式教学的策略:创设情境,帮助学生建立整式认知基础;数学思维,驱动学生深度加工学习内容;过程反思,引导学生明确数学学习方法。[⑥] 针对数学活动设计,有研究者提出如下促进深度理解的策略:创设情境,明

① 赵兆兵.数学理解的内涵、意义与实践策略探究[J].江苏教育,2019(49):37-40.

② 韩善利.指向深度教学的小学数学概念教学策略:以分数教学为例[J].数学教学通讯,2021(10):83-84.

③ 杨文君.多样化思维促进学生深度数学理解[J].小学教学设计,2018(20):59-60.

④ 王海亮.融入数学文化,促进深度理解——以《圆》教学为例[J].数学大世界(下旬),2021(1):27.

⑤ 丁益民.数学公式教学:促进深度理解的几个路径[J].教育研究与评论(中学教育教学),2018(12):69-71.

⑥ 郭誉冲."为理解而教"与深度学习:基于初中数学教学的思考[J].数理化解题研究,2021(2):11-12.

晰深度理解的方向;探究任务,凸显深度理解的主体;顺应规律,经历深度理解的过程;设计题组,促进深度理解的建构。[①]

概言之,已有关于数学学科教学深度理解的研究主要从理念与具体教学设计、流程与步骤等层面进行了较为全面的研究,提出了相关的教学模式。尤其是深度教学已然形成了较为成熟的教学体系,成为促进学生深度理解数学的重要基础。然而,数学学科的理解是以概念、思维为核心内容的理解,如何在具体的教学中促进学生对数学概念的深度理解,并形成体系化的知识,形成对知识的丰富性、完整性掌握并将之应用于实践,还有待进一步开发切实可用的工具。概念构图可成为这一工具的重要组成部分。

# 第四节　本书框架

本书总共分八个部分。

第一部分是绪论。包括研究背景、研究历程、文献综述以及本书框架等。绪论全方位展示了吴宁五小小学数学概念构图研究的背景、过程以及文献研究基础。在研究历程上,先后经历了从"点状推进"到"范式成形"再到"分科深化"的三大阶段。

第一章系统分析了概念构图与小学数学教学的内在关联。本章以概念图的内涵阐释为起点,分析了概念图与思维导图的异同,概括了概念构图的内涵与特征。在此基础上,分析了概念构图的数学育人价值以及在数学课堂教学中的内涵与特征。在本章最后部分,系统分析了概念构图与深度理解的关联,以及基于概念构图的深度理解层级提升关系。本章在分析概念构图内涵与特征的基础上,结合小学数学学科的特性,全面分析了小学数学概念构图的内涵、价值与意义,为研究奠定了坚实理论基础。

第二章探讨了基于概念构图的数学教学设计。本章第一节聚焦基于概念构图教学设计的前期分析,包括学习内容分析、学生情况分析以及教学目标编制。其中,学习内容分析侧重于形成教学内容的知识图谱,让教师明白教学内容的内在逻辑关系;学生情况分析旨在明晰学生发展起点,做到有的放矢;教学目标编制则为教学提供"路标"。第二节主要阐释了基于概念构

---

① 高奕惠.指向深度理解的数学活动设计[J].新课程导学,2021(1):45-46.

图的教学基本流程设计,包括一般的概念构图基本流程以及数学概念构图教学基本流程。同时辅以具体教学案例,呈现了流程的一般样态以及变化样态。最后总结了流程推进视域下,概念构图与学生理解力提升的内在关联。

第三章重点讨论了基于概念构图的数学概念课教学。本章区分了两种不同类型的概念课教学流程——同化类数学概念教学以及形成类数学概念教学基本流程,并呈现了"百分数的认识"以及"什么是面积"两堂典型案例。

第四章探讨了基于概念构图的数学规则、教学流程及其案例。在具体流程上,同样区分了"规—例法"类数学规则教学与"例—规法"类数学规则教学两种不同流程,并列举了"小数点搬家"以及"小数除以整数"两堂课例。

第五、第六章分别讨论了基于概念构图的数学复习巩固课以及问题解决课教学。在讨论基本流程的基础上,两章分别呈现了"常见的量""运算律的整理与复习""植树问题""用有余数除法解决问题"等典型课例。

第七章基于对现有研究的反思,阐释了小学数学概念教学探索的具体成效,包括学生数学能力与数学思维的发展、教师专业水平的发展、学校整体教学质量的提升等方面。同时,也就未来研究的方向进行了展望,如形成小学数学概念构图教学的系统范式、开展实证研究,构建评价体系、推广学校品牌等。

# 第一章　数学课堂教学中的概念构图

概念构图是一个动态与静态相结合的概念,与概念图、思维导图等概念既有联系又有区别。实际上,概念构图是课题组在概念图与思维导图基础上,在实践过程中根据小学数学的特点建构出来的。本章在介绍概念图与思维导图的基础上引出概念构图,在与概念图、思维导图的辨析中明确概念构图的内涵及特征,并阐述在小学数学教与学中运用概念构图的意义与价值。

## 第一节　概念构图的内涵

### 一、概念图与思维导图

教育信息化推进了教师教与学生学的方式的变革,"概念图"(concept map)与"思维导图"(mind map)作为一种表征知识和整理思考的工具,深受教育工作者的喜爱,已经被广泛应用到教学中。但是由于这两个概念从形式上看起来比较相似,很多教师在教学中将两者混淆在了一起。下面我们先来厘清这两个概念之间的区别与联系。

（一）概念图与思维导图的区别

概念图与思维导图是基于不同的理论基础提出来的，其含义和图形特征也存在差异。赵国庆等学者对此进行了详细的阐述，下面简要地介绍两者的区别。[①]

1. 含义不同

概念图是表征概念与命题之间关系的网络结构图，一般是通过箭头和连接词将概念或者命题联结成有意义关系的网络结构图。若按篇、章、节中概念数量划分，可以将概念图分为宏观概念图、中观概念图和微观概念图；若按概念间相互关系划分，可以将其分为包容概念图和交叉概念图[②]；另外还有概念图的各种变式，如以左坐标轴为理论轴、右坐标轴为方法轴构成的V形知识地图。

思维导图是对发散性思维的表达，它是以一个中心主题作为中央节点，不断向周围发散形成的树状图，即每个分支是一个主题，从每个主题出发又可以放射出多个子主题。同一层次的主题数目显示的是思维的广度，一个分支的长度显示的是思维的深度，有助于全面发掘人的记忆力与创造力。它通过图形、图像来调动人的空间想象力与整体思维，从而充分挖掘人的潜在才能。

2. 理论基础不同

概念图的理论基础是奥苏贝尔（Ausubel）认知心理学中的有意义学习理论和概念同化理论。奥苏贝尔认为，影响学习的最重要因素是学习者已掌握的知识，当学习者把新知识与已掌握的知识通过概念同化联系起来时，有意义学习就产生了。概念同化理论中有三条原则：一是新意义的发展是建立在已有概念和命题基础之上的；二是认知结构是一种层级结构，最一般、包容性最大的概念处于层级结构的最高层，较具体、包容性小的概念处于概括性强的概念之下；三是有意义学习发生时，概念之间的关系变得更加明晰、具体，从而与其他概念和命题更好地整合在一起。[③]

思维导图的理论基础是脑科学、大脑神经生理学、学习和记忆心理学等方面的研究成果。脑科学研究表明，人类的左脑主要负责逻辑思维，右脑主要负责形象思维，思维导图的结构与人类大脑结构类似，协同工作效果更

①　赵国庆，陆志坚."概念图"与"思维导图"辨析[J].中国电化教育，2004(8)：41-44.

②　徐洪林，康长运，刘恩山.概念图的研究及其进展[J].学科教育，2003(3)：39-43.

③　魏利霞，周震.浅析思维导图与概念图[J].哈尔滨学院学报，2013(3)：91-95.

好。大脑神经生理学的研究表明,右脑的开发不足 1/10,思维导图借助色彩与图像,可以引起人们自由发散地思考。学习和记忆心理学的研究表明,复合逻辑的记忆才是长时永久的记忆,思维导图恰好综合了概念之间的逻辑性,又兼顾了形象化思维,其记忆将会更长远、更永久。①

3. 图形特征不同

图 1-1 和图 1-2 分别是三角形分类的概念图与思维导图,从中可以看出二者在图表特征上的不同之处。

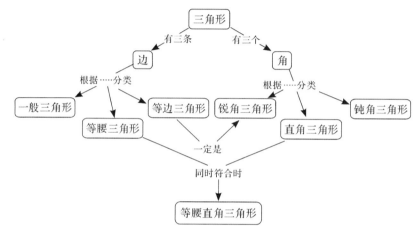

图 1-1　三角形的分类(概念图)

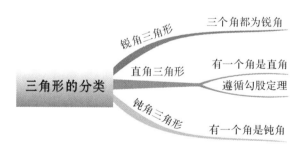

图 1-2　三角形的分类(思维导图)

(1)节点代表不同。"概念图"的节点代表的是概念,图 1-1 中框内的词"三角形""边""角"等都是数学概念。而"思维导图"中的节点代表的是关键

_____

① 杜学允.思维导图在创新人才培养中的应用研究[D].哈尔滨:哈尔滨理工大学,2013.

词,如图1-2中"三个角都为锐角""三角形的分类"等就不是概念,也就是说思维导图中的节点可以是概念,也可以不是概念。

（2）中心主题位置不同。概念图的中心主题置于顶部,如图1-1中的"三角形",且可能存在多个;而思维导图的中心主题置于中央,且只有一个,如图1-1中的"三角形的分类"。

（3）概念或关键词之间的关系呈现方式不同。概念图中各个概念的重要性通过层级关系来体现,即按照从上到下的顺序,层级关系逐渐降低。也就是说,概括性的概念置于上层,从属性的概念置于下层,呈现网状分布。思维导图中的关键词重要性通过由内向外的星级关系来体现,即按照由内向外的顺序,分支的等级逐渐降低。也就是说,重要的关键词置于最内层,不重要的关键词置于最外层,呈现树状结构或者放射状结构分布。

（4）节点连线不同。概念图的节点连线粗细一致,连线上的连接词必须加上,而且连接性很强,如"等腰三角形""直角三角形"到"等腰直角三角形"的连接词是"同时符合时"。思维导图的节点连线粗细不均匀,离中心主题近的较粗,离中心主题远的较细,连线上的连接词一般不加,而且连接性较弱。如"遵循勾股定理"与"三角形的分类"比"直角三角形"与"三角形的分类"的连接线要细,连接性也更弱。

（5）节点形状、颜色不同。概念图中的节点形状为圆形或者方形,颜色不限定,但整幅图要保证整齐划一,图形及颜色要统一;思维导图中的节点形状及各分支的颜色不限定,但同一分支要保证颜色一致。

（6）思考方式不同。概念图体现的是一种多线性的线性逻辑思维模式,思维导图体现的是一种非线性的发散性思维模式。

（二）概念图与思维导图的联系

1. 最终目的相同

概念图的最初目的是作为一种评价工具,促进学习者有意义学习,思维导图的最初目的是改进笔记的记忆效果,但它们的最终目的是一样的,都是提高学习者的学习效率。

2. 均属于知识可视化工具

概念图与思维导图都将抽象的文字转化为直观形象的图形,概念图将概念与概念联系起来,思维导图又将相关概念进行分层,对知识进行重新组块,帮助人们理清思路、促进理解、激发灵感。二者均弥补了大脑加工知识的不足,优化了大脑的知识网络。

## 二、概念构图的内涵及其特征

### (一)概念构图的内涵与分类

当前在运用概念图或思维导图等思维可视化工具时,学生呈现的概念图或思维导图往往存在"重发散、轻聚合""重画图、轻修改""重展示、轻评价"的问题,同时也发现这些作品中还存在"思维含量"不高的现象。那么如何将思维过程和思维结果进行可视化呈现,并帮助学习者更好地理解知识呢?

从以上分析可以发现,概念图的作用是建构一个清晰的概念网络,有利于直觉思维的形成。通过概念图可以快速地把握一个概念体系。思维导图不仅仅是一种笔记方法,更是用来呈现思维过程的工具,可以通过思维导图理清思维的脉络,回顾整个思维过程。可见,概念图是对知识体系的静态、客观表示。这个知识体系可以是客观的知识体系,也可以是个体的知识结构。思维导图是对思维过程的导向和记录。思维导图促进思维的发散,并能记录这个发散过程。因此,可以将两者结合起来,即通过思维导图的创作过程,最终形成概念图。需要指出的是,这里概念图的节点不单单指概念,可以是任何关键词。但是这个概念图要体现知识的顺序关系和层级关系。因此为了更好地体现思维过程和思维结果,将知识结构与知识结构形成的思维过程结合起来,我们引入了一个新概念——概念构图。

综上所述,概念构图是针对"焦点问题",教师或学生根据自己的思维过程,用简要的文字、符号、图形等,按照一定的层级关系,形成具有层级关系的认知结构图的过程。我们可以从以下几个方面来理解此概念:第一,需要一个焦点问题。由于知识之间是相互联系的,若是没有问题的约束,那么概念图的绘制将是无止境的。因此,概念构图要求围绕一个焦点问题来展开。第二,从形式上看,它是图表,可以是树状结构,也可以是网络结构,若是后者,可以分解成多个树状结构。第三,从内容上看,它融合了学科知识的结构与主体的思维过程。第四,体现了两重性,即建构概念图的过程性(动态建构)与形成知识结构的结果性(静态结果)。从简单到复杂的角度来分析,可以将概念构图的静态结果分成以下几种。

#### 1.单向构图

由于知识之间的联系不仅有纵向的联系,还有横向的联系,因此将只在一个方向上有联系的概念构图称为单向构图,单向构图双可分为横向构图与纵向构图两种。

　　一是横向构图,即横向的知识梳理,揭示的是知识之间的关系。节点是概念,箭头说明知识的认知过程,箭头上的文字说明阐明两个知识之间的关系,如图 1-3 所示。此图主要关注从分数到小数、百分数的认知过程,小数可以由分数中的分子除以分母得到,百分数可以由小数的小数点向右移动两位再添上％得到,也可以是分母为 100 的分数。这一构图,让学生清楚地感受到了分数、小数、百分数的转化方法,使看不到、摸不着的方法变得形象、生动。

　　二是纵向构图,即纵向的知识梳理,揭示某个知识内涵及结构要素等,从一个概念出发,按层级逐步精细化和具体化的过程。这种构图关注纵向呼应,引导学生回顾本节课学习的知识与技能、过程与方法,促进学生对知识的巩固、扩展、延伸和迁移,从而不仅使新知识有效地纳入学生的知识结构,还使学生获得情感、态度与价值观的升华,使课时整理取得画龙点睛的效果。如图 1-4 所示,在教学《小数除法的练习课》时,教师把每个环节的小结用概念构图的形式展示出来,通过纵向梳理,使学生明白小数除法有哪些形式,商有几种可能,等等。

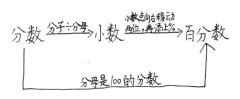

图 1-3　分数、小数、百分数关系图

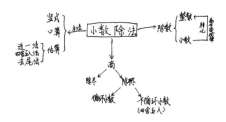

图 1-4　小数除法概念层级图

2. 网络构图

　　此种类型的概念图包含两个及两个以上的中心知识,不仅有每个中心知识的纵向层级关系,还包括各知识之间的横向联系。如图 1-5 所示,图中有两个中心概念:因数和倍数,两者之间的关联是整除;两个中心概念下有纵向的层级关系,如因数可以分为质数、合数与 1 等等。

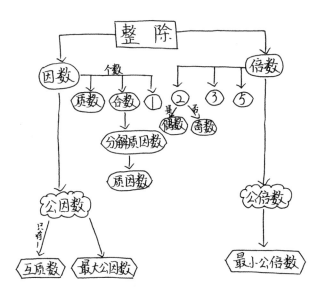

图 1-5 因数与倍数的知识关系图

(二)概念构图的特征

从上可以看出,概念构图有如下特征。

1.理解结构化

概念构图的结果是学科知识结构化,其过程体现了学生认知的结构化和学生理解的结构化。如图 1-3 中,不仅沟通了分数、小数、百分数之间的关系(知识结构化),让学生体会到认识数的顺序为分数、小数再到百分数(认知结构化),同时让学生体会到数的发展与运算有关(思维结构化)。

2.思维可视化

概念构图作为一种思维可视化的工具,可以将学习和思考的过程通过图示技术进行视觉表征。这种工具可以通过适当的方式对学习内容进行结构化组织和呈现,有效降低由信息呈现方式引发的外在认知负荷,从而让学习者专注于建立内容之间的联系(也就是关联认知负荷)。如图 1-4 所示,小数除法运算在学习时可以按照不同的分类方法将其进行分类,按运算形式可以分为竖式、口算、估算(进一法、去尾法),也可按是否能够除尽与除数来进行分类,通过分类思想将小数除法相关知识进行梳理,将内隐的思维通过图示的方式直观、形象地表示出来。

3.学习生长化

概念构图可以很好地呈现学生凭借经验或表象产生的理解状态,以图为讨论、思辨的对象,学生在交流对话中,自觉调动认知经验,参与分析、判断、推理等,进行自我优化和改造,理解本质、建立关联。这个过程能充分激活学生的思维,最大限度地发挥出学生的探究本能和成长潜质,促使他们主动地探索建构、应用迁移、创新拓展,实现深度学习、自主生长。

# 第二节　概念构图在数学课堂教学中的应用

概念构图作为学生有效学习的工具,在小学数学学习中是否适用呢?若是适用,相比于其他学科,在小学数学学习中的概念构图有何特点呢?

## 一、概念构图何以适用数学课堂教学

由于概念构图是概念图与思维导图的有机融合,在小学数学学科中使用时,我们将从数学学科的特点、概念图与思维导图的理论基础几个方面来阐明在小学数学学习中采用概念构图是合适的。

### (一)数学学科的结构化特点

余文森认为:"学科知识既包括学科事实、术语、符号、概念、命题、原理等'可视'的内容(即学科的表层结构,或称为狭义的学科知识),也包括学科方法、学科思想、学科观念、学科精神等'隐性'的内容(即学科的深层结构),它们是学科知识的重要组成部分,是学科核心素养最重要的源泉和基础。"[①]数学学科作为一门具有高度抽象性的学科,它既包括知识的情境(外部的、生活的、社会的联系),还包括数学知识从溯源到发展过程中的复杂交织的脉络联系。正是这种脉络联系,建立起了数学知识之间的联系以及数学与外部世界的联系。数学的这种学科结构为数学知识提供了一种数学内部知识以及数学与外部世界之间的网络联系性,它既表现为一种蛛网式联结,亦包含一种谱系式联结。这就是说,我们可以根据不同的侧重点绘制出各种数学知识之间或数学与外部世界之间的关系图。

---

①　余文森.论学科核心素养形成的机制[J].课程·教材·教法,2018(1):4-11.

（二）脑科学理论

脑科学是 20 世纪 80 年代末发展起来的一门新学科,是认知科学和神经科学相结合的产物,其目的是揭示人类认知活动的脑基础。① 脑科学的研究成果不仅为教学理论和教学实践提供新解释和理论支持,也为概念构图在数学教学中的使用提供了理论基础。

在脑科学的研究中,关于半球功能的研究可以为小学数学概念构图提供方向和支持。左半球与人类特有的言语功能有关,对各种感官冲动在最高级水平上进行整合,以形成文字符号、抽象概念,其功能侧重于认识过程的理性认识。右半球主要通过对感觉冲动的整合以形成事物、人以及时间和空间的具体形象,包括图画和图片,侧重于感性认识。这说明了大脑两个半球在功能上存在高度异质性,而且很多高级功能集中于右半球。同时,两者互为补充、相辅相成、相互制约又相互协作,从而实现人的整体功能和准确行为。再考虑到小学生的思维处于形象思维阶段,抽象思维能力相对较弱,因此若能开发右脑功能,运用图表等形式来理解抽象的数学内容,其学习效果势必事半功倍。

（三）知识可视化理论

知识可视化(knowledge visualization)是在科学计算可视化(scientific computing visualization)、数据可视化(data visualization)和信息可视化(information visualization)基础上发展起来的一个新兴研究领域,②它应用视觉表征手段,促进群体知识的创造和传递,以"双重编码"理论为基础,即长时记忆中语言文字的语义编码与图像、图画的表象编码并存且同时加工。2004 年,Eppler 和 Burkhard 提出了被广泛认同的"知识可视化"定义:在多人间运用视觉表达手段提高知识创造和传递作用的手段。因此,知识可视化亦可被认为是所有能用来构成和传输复杂见解的图像化手段。③ 2009年,赵国庆提出了修订后的知识可视化定义:知识可视化是研究如何应用视觉表征改进两个或两个以上人之间复杂知识创造与传递的学科。④

---

① 邱江.顿悟问题解决中原型激活的认知神经机制[D].重庆:西南大学,2007.

② 赵国庆.知识可视化 2004 定义的分析与修订[J].电化教育研究,2009(3):16.

③ Eppler M J,Burkard R A. Knowledge visualization：towards a new discipline and its field of application[R]. ICA Working Paper,University of Lugano.

④ 赵国庆.知识可视化 2004 定义的分析与修订[J].电化教育研究,2009(3):18.

乔纳森(Jonassen)认为思维导图是一种用于知识可视化的重要认知工具[①]。他指出,思维导图是有效表达发散性思维的可视化工具。思维导图运用图像和文字结合的形式,把各级主题的关系用相互隶属与相关的层级图表现出来,把主题关键词与图像、颜色等建立记忆链接,充分运用左右脑的机能,利用记忆、阅读、思维的规律,协助人们在科学与艺术、逻辑与想象之间平衡发展,从而挖掘人类大脑的无限潜能。因此,作为知识可视化方法的思维导图具有知识可视化的价值与功能,其实质和价值与知识可视化一致。那么,结合了思维导图的概念构图同样具有知识可视化的价值与功能,即概念构图的创作和表达能够促使学习者解释和探究图形的意义,有助于提高知识创新和迁移的意识和兴趣,促进对概念和观点的深入理解和正确评价,还能够显示先前知识的联系,引导顿悟。

知识可视化理论为概念构图的研究和发展提供了视角,让概念构图的可视化功能和应用具有坚实的理论基础。同时,知识可视化理论为基于概念构图的小学数学学习提供了广泛的基础,它能够帮助学生理清概念、系统化相关知识,同时也可暴露学生的思维过程,便于教师了解学生的思维并适时优化学生的思维过程及认知结构。

(四)建构主义认识论

Jonassen 认为,认知工具基于建构主义认识论,它们并不专注于对客观知识的呈现,而是促使学习者去创造知识以反映他们对信息的理解。[②] 小学数学概念构图作为一种认知工具,亦是基于建构主义认识论的。小学数学概念构图的核心价值在于为学习者赋能,让他们能够更加深入地参与到认知加工中去,而非被动接受他人加工的结果。它体现了建构主义"学习者控制""主动参与""创造生成"的三大特征。

## 二、数学课堂教学中概念构图的内涵与特征

(一)数学课堂教学中概念构图的内涵

数学课堂教学中的概念构图是根据小学生的年龄特点和认知水平围绕一个数学焦点问题(或数学主题),通过学生的积极主动构建过程,并用图表

---

① 　Jonassen D H. What are cognitive tools[M]// Kommers P A,Jonassen D H,Mayes J T. Cognitive tools for learning. Berlin, Heidelberg:Springer,1991.

② 　Jonassen D H. What are cognitive tools? [M]// Kommers P A , Jonassen D H , Mayes J T . Cognitive tools for learning. Berlin , Heidelberg :Springer , 1991.

等可视化手段将认知过程、思维过程显性化,最后形成一个数学知识之间具有关联的图式。以上概念同样体现了概念构图的过程性和结果性。作为结果的概念构图包括以下几个基本要素:焦点问题(或主题)、关键词、连接线(有时还有连接词)。其中,焦点问题是指用来阐释或回答的一个数学问题。一般来说,进行概念构图前,最好先设定一个焦点问题,且一个概念图只有一个焦点问题,在数学教学中主要是指一个数学知识点或一个事物的名称,通常用简短的关键词或凝练的有意义的短语来表示。概念图中一般有一个或多个中心概念,然后按照各概念间的关系将其按照一定的方式组织起来。这些概念之间的关系用连接线或连接词来表示。连接线带箭头,从一个概念指向另一个概念,这里既可以表示概念的学习次序,也可以表示数学概念结构中知识的逻辑结构。若是有连接词的话,连接词表示的是两个数学概念之间的本质联系,一般写在连线上。

实际上,根据数学学科的结构化特点和数学发展的延展性,数学课堂教学中的概念构图不是一个静止的结果,而是根据学生数学学习的不断深化而逐步深化的过程。如学生画"整除"概念图时,通过"整除"关系,我们可以发现正整数都有因数和倍数,若是两个或两个正整数,那么就会出现公倍数与公因数,进而引出最大公因数和最小公倍数,如图 1-6 所示。然后,再进一步进行细化,因数有哪些情况,倍数有哪些情况。根据因数的个数可以分成三类,如图 1-7 所示,通过质数的发展又会进一步延展,如图 1-8 所示。通过加强关联和补充从而逐步形成图 1-9。在这一个过程中,学生不仅能知道与整除相关的知识,同时也明白了这些知识是如何从已有的知识中演化出来的;还清楚了数学是一门各种概念相互联系的学科,即"因数""倍数"等是一个关系概念,并将这些知识通过"整除"这一主题联系了起来。

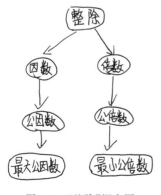

图 1-6  "整除"概念图

图 1-7  "因数"概念图

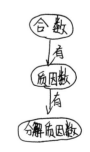

图 1-8  "质数"概念图

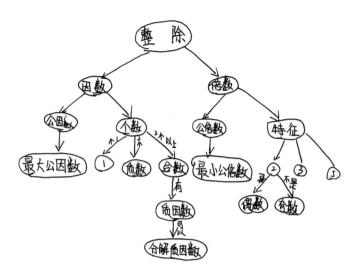

图 1-9 "数的整除"概念图

同时需要指出的是,强调关系并不意味着要让学生牢记这些联系,有繁殖力的联系意味着可以把学生放在一个环境中,使他们能够建立有用的联系。构成网络的那些联系形成好几种关系,包括相仿性、差异性、含有关系和归属关系。

(二)数学课堂教学中概念构图的特征

从对以上内涵的分析,可以梳理出数学课堂教学中的概念构图有以下特征。

1. 学生主体性

概念构图在数学课堂教学中的使用是学习者控制的、主动的创造过程,而非教师控制的、被动的呈现过程。因此,这里所指的概念构图是学生自己的构图过程,其结构也是学生自己画出来的图。实际上,每个学生由于已有知识与经验不同,因此构建起来的概念图也会有所不同。因此,只有充分发挥学生的主体性,才能真正呈现学生的数学学习情况,如知识结构是否有缺陷、思维过程是否需要优化等等。

例如,在复习"线与角"这一章的内容时,课前教师先让学生自主对本单元的知识进行概念构图,目的是帮助学生在复习回顾相关知识内容的基础上,利用概念构图进行知识网络的构建,将零散的知识系统化、结构化。从图 1-10 至图 1-13 中我们可以看到,这 4 名学生虽然基本上都是按照线与角两条线索来整理相关知识的,但是角度仍有所不同。学生 1 从"线""角""线与角的联系"三个角度展开,另外三位同学却没有特别凸显"线与角的联系"。再看学生 1

对"角"的整理非常清楚,即"符号""单位""测量""分类",学生 2 和学生 4 只关注到了角的分类,学生 3 也关注到了"单位""度量"等,但是这些知识之间的逻辑结构不是很清晰。实际上,学生 1 的展示给出了研究几何元素的几个视角:符号表示、单位、度量及分类。这为学生研究其他几何元素(如正方形等)提供了数学活动经验。学生 2 和生 4 的优点是分类非常清楚,学生 3 的优点是知识点罗列较为具体。所以,在后面优化概念图的过程中,我们可以用学生 1 的构图为框架,结合学生 2、学生 3、学生 4 的成果,进一步将概念图具体化。

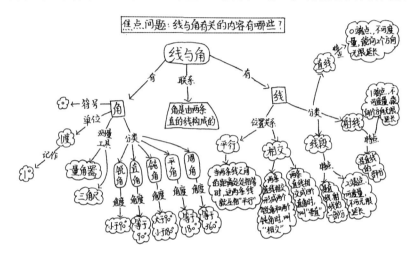

图 1-10  "线与角"概念图(学生 1)

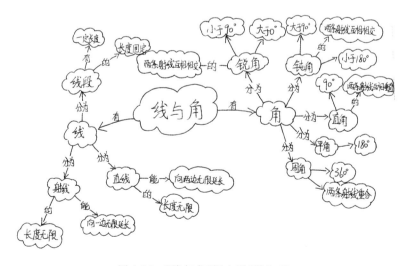

图 1-11  "线与角"概念图(学生 2)

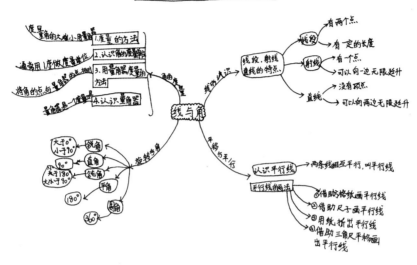

图 1-12　"线与角"概念图(学生 3)

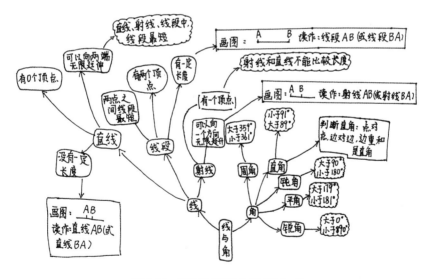

图 1-13　"线与角"概念图(学生 4)

2.结构延伸性

格式塔心理学家认为,学习的过程就是一个不断建构完形(整体认知结构)的过程。概念构图也是一个不断完善的过程,因此其结构具有延伸性。这也就是说,学生构建了一个概念图后,不能将其作为学习的结束,而是要在此基础上,随着学习的不断深化,不断丰富结构内容以及各知识之间的相互联系。

3.过程显性化

数学课堂教学中的概念构图并不是静止的知识的堆砌,它更应体现学生在整理这些知识时的思路与方法。因此,小学数学概念构图采用连接词(线)的方式来展示学生理解这些概念的源与流,从而将学生的思考过程显性化和可视化。

图 1-14 是在教师引导下,学生小组完善后的概念图。在这幅图中,虽然学生没有严格按照概念构图的图示来构图,但也从一定程度上实现了思维过程的显性化。如"倍数"到"个数无限""最大没有""最小本身"之间的连接线上写着"特点",这说明了后面的三个关键词是"倍数"的特点。

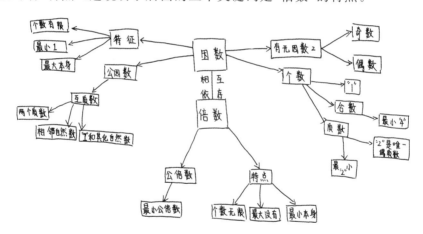

图 1-14 "因数与倍数"概念图

4.学习体系化

学生构建的虽然是概念图,但不能让学生仅仅停留在知识之间的相互联系上,还要站在更高的角度去理解数学知识,即数学研究的视角与方法。这也就是说,概念构图不能停留在打通知识间联系的层面,还应体现知识的迁移和内化,让学生在整理知识的过程中经历知识的"再创造"过程,实现前后活动的主动关联,更应在教学活动与概念构图过程中不断感悟(提炼)数学思想和数学方法。比如,可以让学生在对比"整数的运算"概念图与"小数的运算"概念图的过程中,体会数学运算的研究内容、研究视角以及研究方法,从而形成一幅能统贯整数和小数并能在后面的学习中衍生出分数运算的概念图。

### (三)不同课型中的概念构图图示

著名思维专家 Hyerle 认为,思维可视化工具主要包括:圆圈图、气泡图、双气泡图、树形图、括号图、流程图、复流程图和桥形图。这些工具是按照用途来区分的,其中圆圈图用于联想、头脑风暴,帮助产生与中心词相关的信息;气泡图用于描述"中心"事物的特征;双气泡图用于对比两种事物的相同点与不同点;树形图用于将事物进行分类;括号图用于将事物进行拆分,表示整体—部分关系;流程图用于分析事物的顺序或步骤;复流程图用来表示因果关系,分析原因和结果;桥形图用来表示类比关系。①

然而,通过对小学数学课堂教学的考察,我们发现,一节课或者一个单元学习后,不仅包含对一个概念的分类,也包括这个概念与其他概念的比较,还包括知识之间整体—部分关系等,因此一种思维可视化工具可能难以表达相关知识之间的关联。所以,在具体使用时,可以根据课堂教学的具体情况综合应用这些工具。在数学学科中我们可以根据课型将图示分为以下几种情况。

#### 1.针对新授课的概念构图

在新授课的教学中,教师应该引导学生经历数学知识的发生、发展过程。因此,教师的主要任务是在激发学生回忆已有知识与经验、数学活动经验的基础上,引申出新的知识与提升数学活动经验。所以,针对新授课的概念构图要特别关注知识的发生、发展过程,以及新知识的各种表征,以便学生能够更好地理解新知识。

如有教师在"梯形的面积"一课中,采用了两个概念图,将梯形面积公式的推导方法与过程以及从中体现的转化思想很好地展现出来(见图 1-15 和图 1-16)。长方形、正方形面积推导的经验(数格子),平行四边形、三角形面积推导的经验(剪拼与合拼),在梯形的面积推导中进行了很好的应用,并且还衍生出了另一种方法即分割。这些所有的方法都是转化思想的体现。在这个过程中让学生体会到方法从来不是"变"出来的,而是有"迹"可循的。

---

① 赵国庆,董轶男,王丹,等.思维可视化[M].北京:北京师范大学出版社,2016.

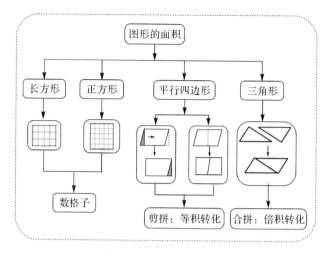

图 1-15　已有知识概念图

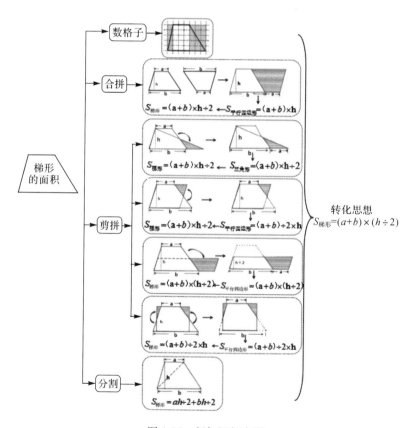

图 1-16　新知识概念图

2.针对解决问题课的概念构图

解决问题课不仅是对已有知识的进一步理解和巩固,更是知识应用的过程。在这一过程中,学生更加关注如何应用已有知识来解决问题,因此针对解决问题课的概念构图更应关注解题思维过程。

如在分数应用题的教学中,可以在典型例题的讲解过程中与学生不断总结解题的策略与方法。解分数应用题的难点是单位"1"的量如何确定,那么我们就可以以此为焦点,将其分成"已知"和"未知"两种情况分别来讨论解题策略(见图1-17),这有助于学生根据具体问题来确定相应的解题策略。

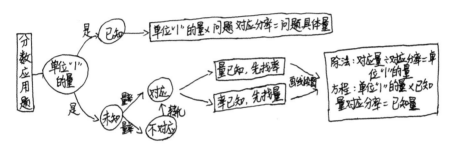

图 1-17　"分数应用题"概念图

3.针对复习课的概念构图

复习课的目的是帮助学生系统整理相关知识,使其形成相对完善的知识结构,因此在复习课中,概念构图的重心应该是整理知识、完善知识结构。

如图1-18所示,是学生在教师的引导下,通过自创、比较、逐步完善等过程,整理出的"多边形的面积"概念图。图中,按平行四边形、三角形、梯形及多边形四种类型来整理多边形面积。比较平行四边形、三角形、梯形的内容都是在分析它们的隐形元素"高"的基础上,通过转化思想来实现面积公式的推导,并且将这种推导关系推广到其他多边形,实现数学思想方法的广泛应用。

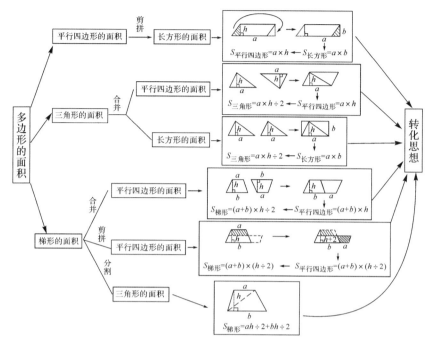

图 1-18　"多边形的面积"概念图

# 第三节　基于概念构图的深度理解

　　理解是一个内隐的思维过程。从哲学视角看,理解的发生需要前理解,是一个不断从部分到整体再从整体到部分的诠释学循环过程,是一个不断改变前理解的过程;从心理学视角看,理解是建立联系的过程。数学课堂教学中的概念构图体现了学生主体性、过程显性化、结构延伸性、学习体系化等特点,这有助于促进学生深度理解。

## 一、概念构图的深度理解价值

### (一)概念构图提供了丰富的前理解

　　著名哲家海德格尔(Heidegger)说过:"在我们明确理解某种东西之前,我们已经有了一个有关的前概念。理解从来都不是没有预设地理解我们面前的事物的过程。我们只有在对某事有预先理解的条件下才会走向有洞见的、明确的对某事的理解。"①伽达默尔(Gadamer)同样也提出过类似的观点,即"一切理解都是基于前理解的"②。人在理解事物的时候,都是将之纳入自己已有的认知框架。著名哲学家胡塞尔(Husserl)提出的"视界结构"概念与此不谋而合,胡塞尔认为:"我们已经拥有的知识组成了我们的视界结构,视界结构意味着任何事情都是在背景中而不是孤立地被理解。背景使得不知道的事情获得了意义,而任何事物的意义增加或者重塑了我们知识的总体,并将继续成为我们后续理解的条件。"③理解是在背景中发生的,促进理解必须关注学生的理解背景。

由于数学是"站在巨人的肩膀上"发展起来的,因此前理解对后继知识的理解显得更为重要。概念构图旨在建立良好的知识结构,让学生理清新知识是如何在原有知识基础上获取的,又是如何发展起来的,师生在共同构建的过程中提供了丰富的前理解。如图 1-16 提供了学习梯形面积的前理解,不仅要知道正方形、长方形、平行四边形和三角形的面积计算公式,还要理解这些公式是怎么来的,特别是量化与转化这两种思想在面积推导过程中的重要地位,为梯形面积公式的推导奠定了基础。

(二)概念构图过程实现了不断修改前理解的过程

哲学家赫斯(E. D. Hirsch)用"可修正的图式"看待"理解"。根据赫斯的言论,我们总是根据图式解释某事,"文本不属于读者,除非读者拥有一个解释的框架将意义加入其中。图式可以被根本改变或纠正。我们可能会从一个图式转移到另一个图式,但是我们不可能逃避在某种图式下工作"④。理解的图式可能被加强,以进入我们现在的解释,也可能被修改,或者被不同的前概念取代。理解的过程是我们在收集更多的信息后修改前理解的过程。

概念构图是一个不断丰富和完善的过程。以数的认识为例,学生最先学习的是整数,随后随着减法和除法的学习会出现负数和分数、小数等,在这个过程中以运算为手段,实现了从整数到分数、小数和负数的扩充,不断修改对数的认识。

(三)概念构图实现了从部分到整体的循环过程

著名的哲学家施莱尔马赫(Schleiermacher)认为:"理解是一个循环过

---

① 洪汉鼎.伽达默尔的前理解学说 [J].学术月刊,2009(7):23.
② 洪汉鼎.伽达默尔的前理解学说 [J].学术月刊,2009(7):23.
③ 胡塞尔.纯粹现象学和现象学哲学的观念[M].北京:商务印书馆,1992.
④ 熊川武.理解教育[M].北京:教育科学出版社,2003.

程。部分的意义只有在整体的背景下才能被理解。但是若不理解部分,就没有对整体的理解。因此,理解需要一个从部分到整体、从整体到部分的循环运动,称为诠释学循环(解释学循环)。"① 由此可见,理解的过程是先从部分开始的,但是只知道部分,不知道整体,对部分的理解就不深刻,只有在知道整体的前提下,对部分的理解才能深刻。同时,没有对部分的理解,也不能对整体形成深刻的理解。每个材料都可以被看作一个整体,每个整体都有自己的内部结构,都有属于自己的部分。同时,每个整体都是一个更大的整体中的部分。理解某物就是明了某物与所在整体的关系,某物与所在整体的其余部分之间的关系,以及某物作为整体与自己的内部组成部分之间的关系,以及自己的内部组成各部分之间的关系。因此,当我们试图深刻理解某物的时候,必须去梳理该物的外在视野与内在视野,如图 1-19 所示。

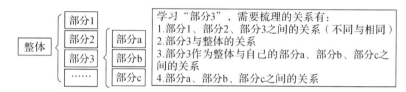

图 1-19　"部分 3"的外在视野与内在视野

　　概念构图通过各关键词以及关键词之间的连接词,实现了部分与部分的关系以及部分与整体的关系。如图 1-18,整体是"多边形的面积",分为"平行四边形的面积""三角形的面积""梯形的面积","梯形的面积"又包含"上底、下底和高"和"面积推导及公式"。其中梯形的面积是多边形的面积中的一类;平行四边形的面积、三角形的面积与梯形的面积的推导主要运用了转化与化归的思想,从公式本身看又是特殊与一般的关系;要知道"梯形的面积",首先要知道与梯形面积相关的要素,即上底、下底和高,然后再推导得出梯形的面积公式。概念构图有助于理清部分与整体的关系、部分与部分的关系,并使部分在整体背景下被更好地深入理解。

　　(四)概念构图实现了知识之间的联系

　　心理学家尼克森(Nickerson)认为,理解是事实的联系,能把新获得信息与已知的东西结合起来,把零星的知识织进有机的整体。心理学家巴特利特(Bartlett)认为,理解是一种把某事物与其他事物联系起来的心理企图。

──────────

　　① 加拉格尔.解释学与教育[M].张光陆,译.上海:华东师范大学出版社,2009.

心理学家艾克曼(Ekman)认为,理解是心理挑选、分析,并把相关的可观察的事实整合在一起,拒绝不相关的,直到织成合逻辑的合理性知识。① 可见,理解某物就是要新知与旧知联系起来,将凌乱的知识梳理出清晰的结构。其中,确定客观事物之间的合逻辑的关系是理解的核心,理解某物就是建立某物与其他事物的关系的过程。

　　概念构图结合了概念图与思维导图的优势,数学学习过程中学生用图解的方通过从属关系、平行关系、因果关系、顺序关系等有逻辑地将各知识有机地整合起来,有助于学生从将新学的数学知识与其他知识之间的联系与区别中去理解,进一步用自己的方式组织、整理和联结各种知识联系,形成自己对数学知识的理解。同时,教师可以根据不同学生形成的概念构图,引导学生在不断比较分析的基础上,优化自己的数学认知结构,促进其形成条理性、系统化、整体性知识脉络。

　　综上所述,概念构图可以促进学生的深度理解,也可以促进学生数学学科核心素养的养成。史宁中教授用"三会"来描述数学学科核心素养,即会用数学的眼光观察现实,会用数学的思维思考现实世界,会用数学的语言表达现实世界。概念构图关注的是数学知识之间及数学知识与外部世界之间的顺序关系、层级关系,其中包括数学知识的产生过程(外部世界与数学知识之间的顺序关系),数学内部知识之间的顺序关系、层级关系(可以通过逻辑推演、类比联想等数学思维来呈现这些关系),数学知识的应用体现用数学语言来表达世界。因此,数学课堂教学中概念构图的运用有助于促进学生数学学科素养的养成。

## 二、概念构图的深度理解层级

### (一)理解力:深度理解的能力支持

　　深度理解需要在学生拥有一定理解力的基础上才能实现。借鉴威金斯(Wiggins)等人提出的"理解六侧面",以及綦春霞教授提出的"理解层次结构理论",结合概念构图教学实践,本书确定学生理解力有 5 个核心要素,即概括、辨析、建构、应用、反思,其中反思贯穿于学习活动全过程。

---

① 李勇.论"诠释学循环"问题的发展历程[J].重庆邮电学院学报(社会科学版),2006(6):23.

每个要素都有不同的表现形式,我们通过整理、提炼,总结出以下 10 个主要表现形式,分别是概要、分类、解释、比较、洞察、序化、应用、创造、调控、自知,这样形成了理解力的结构,模型如图 1-20 所示。

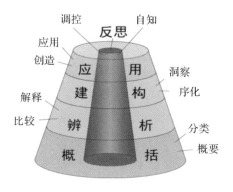

图 1-20　理解力结构模型

(二)理解分层:深度理解的依照标准

理解的发生需要前理解,是一个不断从部分到整体再从整体到部分的诠释学循环过程,是一个不断改变前理解的过程。理解作为高层次的思维活动,具有层次性的特征。因此,深度理解是一个层级推进的过程。为了有针对性地培育学生的理解力,从而指引教师引导学生走向深度理解,制定理解层次标准显得尤为重要。

概念构图虽然为刺激儿童大脑关联、促进理解深化提供了可视的思维支架,但我们还需要根据学生对数学内容的认知水平进行理解分层,以便更好地指导、评估概念构图教学对促进数学理解的作用。

SOLO 分类理论把学生理解层次由低到高分为 5 个不同的层次,分别是前结构、单点结构、多点结构、关联结构、拓展抽象结构。

基于 SOLO 分类理论,借助概念构图,通过上百节课的实践和总结,我们制定了基于概念构图的理解层次标准(见表 1-1),即从具体到抽象、从零散到系统、从单一到多维。将学生的理解分为 5 个层次:无理解、经验性理解、衍生性理解、结构化理解、抽象性理解。与理解力的要素相对应,将学生的理解由浅入深循序推进,最终实现深度理解。

表 1-1　基于概念构图的理解层次标准

| 理解层次 | 内容要素 | 具体描述 |
|---|---|---|
| 理解水平数<br>无理解 | 无 | 无法对与学习内容相关的任何问题做出回应 |
| 理解水平 1<br>经验性理解 | 概要,分类 | 能结合已有知识储备去自主判断分析,自由概要,呈现不同类别的表征 |
| 理解水平 2<br>衍生性理解 | 解释,比较 | 能解释不同形式的构图或表征,互相学习借鉴,能够判断原始的概念构图是否正确,会有补充和联想,形成多样的理解,会进行适当的比较,初步形成更丰富、更深入的认知 |
| 理解水平 3<br>结构化理解 | 洞察,序化 | 明了知识之间的联结,能够将学习内容进行横向关联和纵向融通。能修正完善概念构图,深化对知识的理解,组成系统的知识结构,收获科学的学习方法或路径 |
| 理解水平 4<br>抽象性理解 | 应用,创造 | 借助修正好的、比较完善的概念构图,进行迁移应用,把新的知识结构与原有知识结构,甚至未知的知识牵手,组成一个更高级、更具迁移性的认识结构 |

　　我们以这个层次标准作为教学设计、实施和评价的依据。在教学时,先依照理解层次表来细化具体教学内容的理解层次分析,再基于这样的理解层次框架来进行教学、设计。我们关注知识理解的过程,也重视迁移和运用。同时需要强调的是,理解是一个循序渐进、螺旋上升的过程(见图1-21)。达到抽象性理解层次时,也就为下一个更高层级理解奠定了基础,又以此作为经验性理解进入了理解递进的循环中。

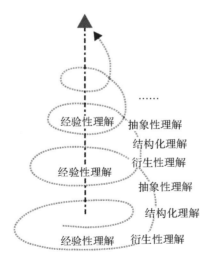

图 1-21　理解层级推进过程

在具体的教学设计、实施和评价中,可以以此为依据。在教学时,可以先依照理解层次表来分析具体教学内容的理解层次,并制定相应的教学目标和评价标准,在此基础上进行逆向设计。如对"小数乘整数"一课的理解层次分析可以从两个问题着手:①学生达到了哪个理解层次?②如何通过概念构图让学生的理解走向更高层次?具体可以分析学生在计算"0.2×3"时不同的表现来大致确定学生所处的理解层次(见表1-2),然后在此基础上选择学习素材、设计关键问题、制定教学策略等,使学生走向深入理解(具体见第三章)。

表1-2 "小数乘整数"概念构图教学理解层次及案例

| 案例 | 学生表现 | 构图表征 | 所处层次 |
|------|---------|---------|---------|
| 案例1 | 学生写出了计算结果,知道小数的意义和乘法的意义,会用图表征出"0.2×3"的计算过程,但不能联结算法与算理 | | 能用经验来计算,并用图示表示思考过程,达到水平1"经验性理解"层次 |
| 案例2 | 会通过交流、辨析,从具体的直观表征中联想到较抽象的理解,会用"0.2+0.2+0.2"等其他形式来解释,有一定的比较意识,但还不能发现方法之间的内在关联 | $0.2+0.2+0.2=0.6$ <br> $0.4$ <br> $2\times3=6$ <br> $0.2\times3=0.6$ | 能联想到其他的表征方式解决计算过程,达到水平2"衍生性理解"层次 |
| 案例3 | 能通过观察、分析、抽象等活动,把多种表征方法进行整理,找出内在关联,并形成结构。但没有想到基本算法就是"计算计数单位的数量" | | 能发现本质属性及相互关系,达到水平3"结构化理解"层次 |
| 案例4 | 能理解算法的本质是"计算计数单位的数量",形成简略操作,并可以灵活运用到其他的乘法计算中 | $200\times3=600$ 6个百 <br> $0.02\times3=0.06$ 6个0.01 <br> $0.4\times4=1.6$ 16个0.1 <br> 我发现他们的相同点是都在计算计数单位的数量。 | 能领悟到算法本质,提炼出基本算法,会迁移应用,达到水平4"抽象性理解"层次 |

(三)层级推进:深度理解的必然经历

理解是一个不断发展的递进过程,以上的理解层次标准可以有效指导学生充分经历理解进阶的过程。事实上,我们只有把教学目标转化为"学"

的动态经历,教学才可以在课堂上得以有效推进,学生的理解才有可能走向高水平的层次。由此,我们提出"EDSA"理解进阶模型,学生相继经历经验性理解(empirical understanding)、衍生性理解(derivative understanding)、结构化理解(structured understanding)和抽象性理解(abstract understanding)四个理解发展阶段,我们称之为"概念构图 EDSA 理解进阶学习模型"(见图 1-22)。"EDSA"理解进阶学习模型强调课堂上的"教"要充分关注学生"学"的经历,注重理解层次的变化,加强对已有经验的改造和凸显知识的关联。需要强调的是,理解层级的推进很大程度上依赖于学生的经验和思考,通过与理解力相配的学习活动不仅可以促进理解层次的提升,又可以进一步丰富学生的经验、扩充他们的思考。因此,"EDSA"理解进阶学习模型的提出对于为理解而教的实践探索具有重要指导意义。

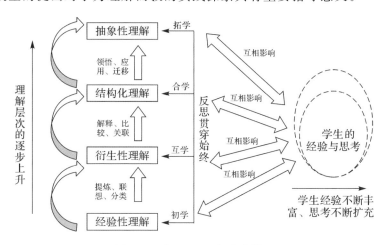

图 1-22　"EDSA"理解进阶模型

"EDSA"进阶学习要经历由浅入深的学习过程,它为实现深度理解提供了学习"支架"。"EDSA" 理解进阶学习模型是在我们 10 多年开展概念构图教学研究的经验基础上提炼出来的。概念构图教学的基本进程是:初学构图,提取已经经验-互学论图,深化思辨过程-合学正图,完善认知结构-拓学用图,提升应用水平。可以说,它们同出一脉。

"EDSA"学习具有以下四个特征:①加强教学互动与学生体验。互动与体验是"EDSA" 学习的主要学习方式,也是"EDSA"学习的核心特征,其目的是通过概念构图提高学习者的参与度与学习投入度。②注重学习内容的本质与变式。采用"EDSA"学习的学生能够抓住教学内容的本质属性,全面把握知识的内在联系,并能够根据知识本质推出若干变式。③强调知识的结构与联系。"EDSA"不仅仅要求学生关注知识的本质,更需要学生着眼于知识符号背后的内在结构、客观规律。理解知识背后的意义,促进学习者核心素养的达成才是最终目标。④关注知识的迁移应用与问题解决。"EDSA"学习是培养学生具备 21 世纪社会发展所需要的必备品格和关键能力的学习活动。迁移与创造是"EDSA"学习的重要学习方式,要求能利用抽象的符号知识解决实际问题。

# 第二章　基于概念构图的数学教学设计

由于概念构图的教学设计具有独特的内涵、特征和价值,因此其要素的分析在符合一般教学设计规范的前提下,也有其独特的要求。

## 第一节　基于概念构图教学设计的前期分析

### 一、学习内容分析:形成教学内容图谱

概念构图的教学活动就是将思维进行可视化、层级化、结构化的构建,使学生形成完整、清晰的认知结构,为下一次知识的接受、思维的迁移与拓展做准备。概念图的构建要结合学生的思维特点和认知基础,由点到线到面,逐步发展。

小学数学知识主要包括数学概念和数学规则,每个概念、每个规则都不是独立的个体,而是错综复杂的知识网络,你中有我,我中有你。以数学概念为例,数学概念是反映数学对象的本质属性和特征的思维形式,是人类通过大量具体事物和实践活动创造、发展、抽象而成的。抽象是提取客观事物或现象间的共同属性与本质属性,并将其与非本质属性分离的过程。在这个过程中,运用比较、分析、综合、抽象和概括等方法,才会产生和发展形成概念。例如,复数概念是在实数概念基础上产生的,实数概念是在有理数概念的基础上产生的,而有理数概念则是在自

然数概念基础上产生的；又如长方形的特征是"对边相等""四个角都是直角"，是在"对边""角""相等"等概念的基础上进一步抽象概括得到的。还有一些数学概念是在一定的数学对象的结构中产生的。例如，多边形的顶点、边、对角线、内角、外角等概念都是从多边形的结构中得来的。还要指出，许多概念随着数学的发展而成为新的概念。例如，从具有公共端点的两条射线所成的角的概念发展成为射线绕它的端点旋转所成的角的概念。

鉴于以上原因，教师需要引导学生绘制一节课教学内容的知识概念图，使知识概念间的联系一目了然，因此需要教师整体而全面地把握这节课以及与之息息相关的教学内容。

具体需要分析三方面的内容：

第一，需要清晰地认识到本节内容的知识点及其相互间的关系；

第二，需要思考该节内容与学生之前所学知识点的联系；

第三，需要思考该节内容与学生之后所学知识点的联系。

只有这样，才能通过建立相关知识点间的纵横联系，形成以这节课所学知识点为中心的知识网络结构图，教师既可以清楚分析本节内容中各知识点的地位和作用，又可以通过分析与本节内容相关的已有知识，找到新知识教学设计的逻辑起点。

---

### 【例 2-1】《百分数的意义》学习内容分析

《百分数的意义》是在学生充分理解分数意义、能解决一些简单分数应用题的基础上进行教学的，它是以后学习百分数应用题的基础。百分数的意义是分数的意义的延伸，学习百分数有助于学生更好地理解生活中利率、利润、折扣等实际问题。百分数实际上就是表示一个数是另一个数的百分之几的数。因此，它同分数有密切的联系。人们在日常生活中会广泛应用到百分数，因此在教学中要密切联系实际理解百分数的意义，并能正确运用它解决实际问题，感受到数学和社会的联系。其概念图如下：

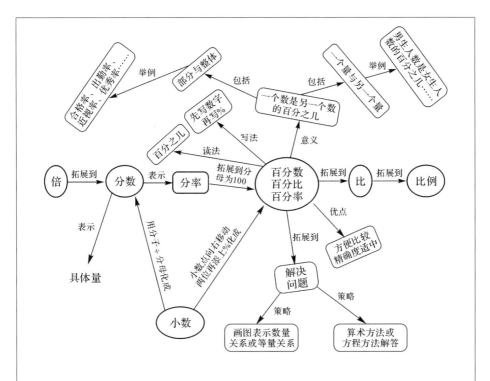

　　教师运用概念结图清晰地明确各下位概念或要点间的关系,将各下位概念或要点按节的顺序排列,用带箭头的连线表明它们之间的逻辑关系,这同时也表明了构建顺序,有助于教师选择教学途径和方法。

### 【例 2-2】《什么是面积》学习内容分析

　　《什么是面积》是北师大小学数学三年级的内容。本节内容是学生学习了长方形、正方形等平面图形及其周长,也认识了长方体、正方体等立体图形后的一节课,为后续学习长方形面积、平行四边形面积、三角形及梯形面积奠定基础。其概念图如下:

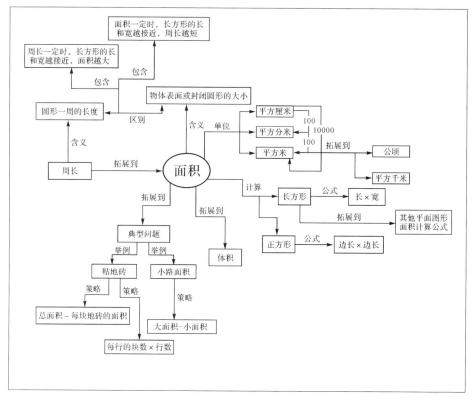

## 二、学生情况分析:确定概念构图起点

基于概念构图的教学设计有两个核心词"构"和"图",其中"构"具有动态性,学生需要通过知识共享、辨析比较等思维活动构建概念图,最终使理解从一维走向多维、从浅表走向深层、从碎片化走向链条化。这就需要学生具有较强的逻辑思维能力和对教学知识点的精准理解,因此在教学设计前需要通过调查或前测对学生的认知基础和思维能力做出准确的判定。

---

**【例 2-3】《百分数的认识》前测(两个班共 90 份问卷)**

问题 1.你听说过百分数吗?

| 没有 | 听说过 | 听说过,还能补充一点自己想法 |
|---|---|---|
| 4.5% | 84.4% | 11.1% |

**问题 2.能不能把你对百分数的理解,用构图的形式表示出来?**

由于学生对百分数的了解不多,所以多数学生是用问题来构图的,把学生问题归类如下:

(1)百分数是什么?

(2)百分数有什么用?

(3)百分数和分数有什么区别?

从学生构图情况可以看出,学生对百分数的理解主要处于以下三种水平:

水平 $1: \frac{?}{100}$;

水平 $2: \frac{?}{100}=?\%$,还能举例知道百分率、合格率等;

水平 $3: \frac{?}{100}=?\%$,还能举例知道百分率、合格率等,并且写出百分数指一个数是另一个数的百分比。

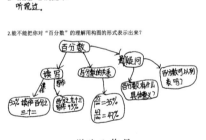

学生 1 作品

学生 2 作品

以上情况表明,学生以前学过求一个数是另一个数的几分之几的分数应用题,同时也具备通分比大小的知识,并且学生在日常生活中已经接触到百分数,对意义有一点点的理解,会读,有的学生还会写。学生在学习新知识前以头脑中已有的概念为起点,通过将新获得的概念与原有概念同化,真正重视已有的认知经验,形成正确的概念,并将其融入概念框架中,完成概念学习,同时学生能清楚地意识到前概念和后概念之间的差异。

**【例 2-4】《小数除以小数》的前测分析**

调查 1. 9. 6÷1. 2＝?

调查对象:五年级(4)班 36 人。

调查结果及其数据:

(1) 能够进行知识的迁移,利用扩倍(商不变的性质)把 9.6÷1.2 按照 96÷12 计算,结果得到 9.6÷1.2＝8(个),学生理解但竖式格式不正确。这种情况有 28 人,占全班人数的 77.78%。

9.6÷1.2=8(个)
1.2√9.6  8
    9.6
     0
答:8个笔记本。

9.6÷1.2=8(个)
答:8个笔记本

解说:96是12的8倍,所以9.6也是1.2的8倍。

9.6÷1.2=8个
1.2√9.6  8
    9.6
     0
答:够买8本笔记本。

9.6÷1.2        1.2元=12角
=96÷12        9.6元=9角
=8(个)        96÷12=8(个)

(2) 利用单位换算,这种情况的学生有 4 人,占全班人数的 11.11%。

(3) 不会计算的共有 3 人,占全班人数的 8.33%。

(4) 采用画图法的有 1 人,占全班人数的 2.78%。

① 9.6÷1.2=8(个)  1.2√9.6  8
                      96
                       0

②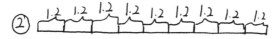

调查 2.7.68÷0.8＝?

调查结果及其数据:

(1)能够进行知识的迁移,利用扩倍(商不变的性质)把 7.68÷0.8 按照 76.8÷8 计算,结果得到 7.68÷0.8＝9.6。说明学生能够想到利用"商不变的性质"来解决。这种情况有 19 人,占全班人数的 52.78%。

(2)不会解决的有 12 人,占全班人数的 33.33%。

(3)把 0.8 看成 8,按照除数是整数的小数除法来计算的有 4 人,得到 7.68÷0.8＝0.96。

(4)能够利用商不变的性质在竖式中解答的有 2 人。

以上数据表明,大部分学生能够利用商不变的性质,把小数除以小数(小数位数相同)转化成整数除以整数来解决问题;个别学生能够结合具体的情境解决问题;还有的学生能够用累加来推理。但也发现,学生在竖式的书写上存在问题。看来会算不是主要问题,重要的是怎样把算理的理解和竖式的书写建立联系,形成正确合理的竖式书写。

### 三、教学目标编制:明确概念构图功能

小学阶段的数学知识虽然是人类数学知识发展的初级阶段,与实践活动紧密联系,具有较强的直观性和可操作性,但是对小学生而言,仍然是十分抽象、难懂的。这是因为认知能力的发展同其他事物的发展一样,是一个从低级到高级、从简单到复杂、由量变到质变的过程。根据皮亚杰(Piaget)的认知发展理论,儿童思维的发展可以分为以下四个阶段:

第一阶段:感知运动阶段(0~2 岁),思维开始萌芽;

第二阶段:前运算阶段(2~7 岁),依靠形象或表象思维;

第三阶段:具体运算阶段(7~12岁),初步的逻辑思维;

第四阶段:形式运算阶段(12~15岁),抽象思维。

小学生大多处于7~12岁,虽然正处于具体形象思维向抽象逻辑思维过渡和发展的阶段,但仍然以具体形象思维为主。这样,儿童的认知特点与数学知识的抽象性形成了矛盾,即数学知识的严密逻辑性与儿童认知理解的简单化、直观化之间的矛盾,处理这些矛盾成为数学教学的主要任务。基于概念构图的教学设计的根本目的在于通过图示在相关概念之间建立可视化的网络联系,促进学生对知识的理解,促进学生理解力的发展,从而使学生获得生命意义。从此意义上讲,概念构图是实现上述目标的一种手段、一种方法,因此,应把概念构图作为实现知识目标的条件,而不是把它作为终极目标。

---

### 【例 2-5】《百分数的认识》的教学目标

为了直观认识面积的含义,教材安排了三个层次的教学:

(1)结合3个具体实例,初步感知面积的含义。4个实例分别为:2本数学书,1枚1元硬币和1枚1角硬币,2片树叶。

(2)比较两个图形面积大小的实践操作,体验比较面积大小策略的多样性,尤其是借助工具进行比较的策略。让学生初步感知用正方形进行测量、比较的优点,从而为后面学习面积单位做好铺垫。

(3)通过在方格纸上画图的活动,进一步认识面积的含义,并体验一个数学事实,即面积相同的图形,可以有不同的形状。

确立如下教学目标:

(1)能结合具体的情境理解百分数的意义,会正确读写百分数。

(2)在用概念图建构百分数意义的过程中,让学生经历"初步感知—素材分析—抽象概念—内化应用—对比感悟"这样一个构建数学模型的过程,初步感悟百分数概念建构的模型思想。

(3)在辨图、正图的过程中体会百分数与分数的区别和联系。

(4)在解决实际问题过程中,体验百分数与生活的密切联系及其优势,增强数学意识,培养良好的数感。

---

在学生的认知中,一个个知识点是独立的、零散的,支离破碎,没有构成知识体系,通过概念构图引导学生把零散的知识串联起来,形成知识链、知

识网、知识块，在百分数与分数间建立联系，从而形成自己的知识网络体系。

### 【例 2-6】《什么是面积》的教学目标

教材在安排上分三个层次引导学生逐步认识和体会：

(1)通过比较数学课本与语文课本、硬币、手掌、树叶 4 个实物面积比大小的活动，让学生获得对面积的感性认识。

(2)让学生用不同方法比较一个正方形与一个长方形的面积，通过比较，可使学生进一步理解面积概念，又使学生体验比较面积大小策略的多样性，特别是感知用正方形进行测量、比较的优点，为后面学习面积单位做好铺垫。

(3)通过在方格纸上画图的活动，进一步认识面积的含义，并体验一个数学事实，即面积相同的图形，可以有不同的形状。

根据学习内容和学习者的分析，确立如下教学目标：

(1)通过说一说、摸一摸、看一看等活动，暴露已有的经验，结合具体实例和画面，自主形成对面积含义的初步认识。

(2)经历想一想、比一比的过程，发展空间想象能力，体验比较策略的多样性，体会到面积可以通过标准物来度量，用数来表示，深入理解面积的本质。

(3)在构建概念图的过程中深入理解面积的意义，体会到面积与周长的区别。

学生已经具有了丰富的对面的大小的直观感知。对于面积相差较大的图形，比如桌面与黑板面，学生能直接判断它们的大小；对于面积相近的图形，学生会采用重叠的方法来比较图形的大小，但还缺少通过用标准物的面积来度量的经验。此外，学生已经建立了周长的概念，周长对于学生认识面积具有负迁移作用。在一个平面图形中，"边"属于强刺激源，"面"属于弱刺激源，加之长度的学习在先，学生在学习面积时，在潜意识中会受到周长的影响，认为周长长的图形的面积似乎更大些。在教学中，通过构建概念图的的过程中深入理解面积的意义，体会到面积与周长的区别。

**【例 2-7】《运算律》复习课的教学目标**

(1)构图回顾整理学过的运算律，在交流、讨论、修正构图中构建完整的知识网络。

(2)经历通过多种方式理解运算律的过程，感悟运算律的本质，加深对运算律的理解。

(3)能灵活运用运算律进行简便计算。

复习课教学的落脚点应放在难题的解法上，回归知识本体。回顾新授课的学习经历，发现北师大版教材中运算律的编排结构都是"观察算式—仿写算式—解释规律—应用规律"。在这样的教学下是否存在一定的缺陷？学生又能理解多少运算律的本质属性？针对这种现状，在复习课上我们尝试让学生借助图示表征真正理解运算律的本质，理清它们的关系。利用概念构图把学生的理解外化出来。因此，我们将通过表征图帮助学生理解，利用概念图外化学生的理解。

# 第二节　基于概念构图的教学基本流程设计

结合小学数学教学实践，我们不断探索，逐步完善概念构图教学基本流程。随后，我们在实践中对基本流程不断进行检验、修正，再实践、再修正。如此循环往复，从而提炼出概念构图教学基本流程，而这正是本小节的主要内容。

## 一、概念构图教学基本流程

我们团队所建构的概念构图教学基本流程，是在数学复习课概念构图教学流程等[①]基础上突破内容领域和课型等局限提炼形成的，具体包括学生活动、学习进程和教师行为三条主线，是我们实施小学数学概念构图教学的总的纲领，具体如图 2-1 所示。

---

① 陈侃侃.概念构图策略在数学复习课中的应用[J].小学教学参考,2008(35):10-11.

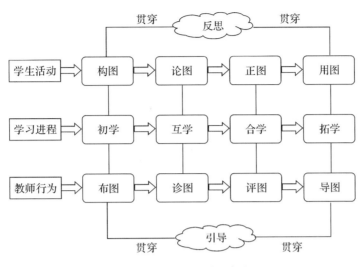

图 2-1　概念构图教学基本流程

其中,学生活动即指学生在已有知识的基础上,构建概念图,然后通过学习修正概念图,达到最终利用概念图系统学习的目的。

学习进程即指学生在设定的教学情境内,通过与教师、同学以及教学信息的相互作用,实现学习目的的过程。具体包括当前知识点的学习和掌握进程,与知识点相关的前述知识点学习、当前知识点学习以及知识点的后续拓展应用等。

教师行为即指在教学过程中,教师为达教学目的而采取的针对学生与教学成果的行为。不仅包括教师与学生之间的相互作用,还包括教师与教学成果,即与学生学习成果的相互作用。

从学生活动、学习进程、教师行为三个维度展开,可以准确针对各个主体的活动特点,明确各环节进程。教师引导学生布图,即让学生在初学过程完成构图,学生在互学环节完成论图,再由老师诊图,从而能够在合学过程中评图,帮助学生正图,最后在拓学环节,教师引导学生正确用图。三个维度是相互联系、同时开展的。

## 二、数学概念构图教学基本流程

小学数学概念构图教学基本流程,一方面需要聚焦数学学科特点,另一方面也需要推广至其他学科,吸纳各学科的教学价值取向。所以,团队在教学实践过程中,就先聚焦兼顾各学科教学的普适的概念构图教学基本流程,再进一步聚焦到数学概念构图教学基本流程。

　　基于数学学科中概念的复杂性与关联性特点，在数学教学中使用概念构图是必要的。数学概念构图不仅能帮助学生构建清晰的知识体系，有效建立知识关联，从整体上促进学生认知能力的发展，还能创新师生对话新模式，使学生的主体性得到有效增强。此外，学生的数学概念构图水平能够反映出学生创造性思维的水平和产生新知的能力，教师则能据此了解学生对知识的理解和掌握状态，从而给出建设性的反馈。总之，数学概念构图能以形象化的方式反映知识之间的逻辑关系与组织结构，是数学教学过程中一种行之有效的教学优化工具。①

　　数学概念构图教学基本流程，主要是在概念构图教学基本流程基础上，在学生活动（含贯穿其中的学生反思）、学习进程以及教师行为（含贯穿其中的教师引导）的前一半，加入了数学要素。强调数学概念构图教学的前一半（第二列和第三列），要着重强调数学本质内容在数学概念构图教学中的体现。在后一半（第四列和第五列）则可以有一定的应用情境等拓展，但也还需要注意其中的数学反思和引导，详见图 2-2。

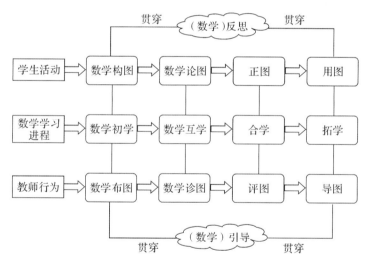

图 2-2　数学概念构图教学基本流程

　　由图 2-2 可知，数学概念构图教学基本流程包括三个维度，即学生活动、数学学习进程和教师行为三条主线，是实施小学数学概念构图教学的总的纲领。从学生活动、数学学习进程、教师行为三个维度展开，可以准确针对

---

① 纪宏伟.概念图在优化数学教学中的有效应用[J].教学与管理，2017(15)：101-103.

各个主体的相应活动,明确各环节进程。教师引导学生布图,即让学生在初学过程完成构图,学生在互学环节完成论图,再由老师诊图,从而能够在合学过程中评图,帮助学生正图,最后在拓学环节,教师引导学生正确用图。三个维度是相互联系、同时开展的,具体内容分别如下。

(一)数学概念构图学生活动

数学概念构图学生活动,主要包括数学构图、数学论图、正图和用图四个环节。这四个环节中,贯穿学生(数学)反思。

具体而言,数学构图这个环节,是在初学时进行数学概念构图,以最直观的语言、最简洁的方式,把看不见的数学思维清晰地呈现出来。在原有认知水平和已有知识经验的基础上,对新知识进行分类、概要,充分暴露理解水平和认知起点。

数学论图这个环节,是在其他学习者的构图中,找到与自己相异的概念,展开质疑、论辩,叩问"疑点",引发"精思""深思",自我修正原先认知,从而产生一个新的视域。

正图这个环节,是通过识别、分析、筛选论图时的内容,进行反思、调整,实现知识的重构、吸收、内化、扩充、更新或替代已有知识,在预学构图的基础上修正自己的概念图,实现"意义建构"。

用图这个环节,是运用概念图这一有效的理解路径,促进知识和学习方法的迁移运用。用图去理清同一类知识线索,理解和表征问题,寻找解决办法,提出解决方案,并将这种学科思维方式转化成一种学习方式和习惯。

(数学)反思始终贯穿整个过程,学生主要反思自己构建的数学概念图中,数学概念之间的联系是否正确、是否已全部体现,通过自我检查以及与他人图例对比,找出数学概念图中的不足之处。

(二)数学概念构图学习进程

数学概念构图学习进程,主要包括数学初学、数学互学、合学和拓学四个环节。这四个环节是逐级递进的关系,在数学初学的基础上,学生互相探讨、发散思维,有了一定的互学成果后,教师再引导学生会有更好的合学效果,在合学基础上,学生基本掌握了知识点,才能更好地展开拓学任务。在单次教学中,这是一个线性的进行过程,但在整体教学如整个学期中,这是一个循环递进的教学体系。

具体而言,数学初学这个环节,也包括平时所说的数学预习。学生在学习前,借助预习要求或预习单,预先学习所学内容,在学生已有知识体系下,构建学生最初的概念模型图，充分暴露学生的已知和直观感知。

数学互学这个环节，建立宽松、自由的情感场域，引发积极的思辨。学生通过互相学习、多重对话，达到不同学生间的视域融合，不断地修正、拓展和超越自己对知识的初理解。通过互相指正与学习，探讨彼此构建的概念模型的不足。

合学这个环节，是通过师生、生生合作，在教师的引导推动下，学生对新知识隶属的问题领域、理解方向及思维方式进行深入的判断与选择，洞悉新知识与旧知识间的内在依据，运用整体思维，修正概念图，形成比较系统的概念图，用于问题的解决。

拓学这个环节，是用概念图拓展学习，在持续的实践与活动、协作与交往中，检验自身的学习成果和效果，逐渐增加学习的广度、深度、难度。整理自身的知识体系，将新获得的知识融入已有的知识框架，提升应用力。

概念图的构建需要较强的思维能力和空间想象能力，因此概念图的构建并不是一蹴而就的，需要日积月累的训练和潜移默化的领悟。因此，教师应在多种概念图中进行比较和选择，按照学生的认知能力水平确定相应水平的概念图。

以图 2-3 和图 2-4 为例，概念图（1）的教学设计门槛较低，教师的操作性强，学生在教师的引领下，对百分数的认识是全面的，基本知识的落实也是扎实的，特别是对百分数的两种意义的理解是到位的。这样教学，过程简单，课堂可控。学生观察、比较、归纳的能力也一定的发展。但很明显，学生在接受指令式的被动学习，缺乏问题意识，没有科学的探究方法，少了知识体系的自主建构。概念图（2）的设计重视对学习方式的选取，更关注学生研究问题的态度与方法，通过一个又一个高质量的问题来推动数学思考，激发学生的学习动力，给了学生自主建构知识体系的机会。这样的设计具有开放性、自主性、探究性。如此看来，两种思路对学生的数学素养的偏重是各不相同的。

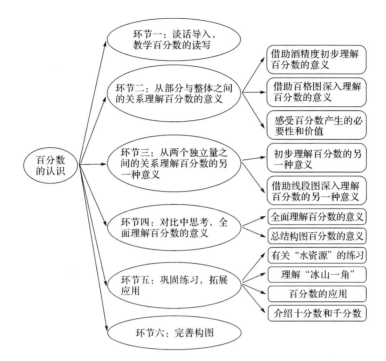

图 2-3　《百分数的认识》的概念图（1）

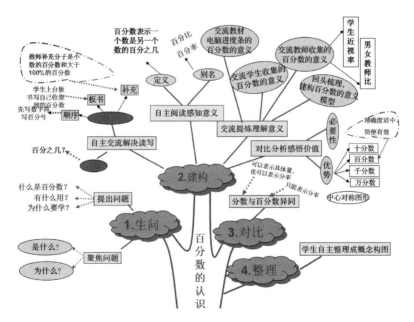

图 2-4　《百分数的认识》的概念图（2）

（三）数学概念构图教师行为

数学概念构图教师行为,主要包括数学布图、数学诊图、评图和导图四个环节。在课程正式开始之前,教师预先研究好教材进行布图,在学生完成最初的构图过程后诊图,在学生进行讨论以及初步修改后对学生的概念图进行评价分析,引导学生绘制正确的概念图,最后引导学生用图,即导图,拓展学习,举一反三。这四个环节都是以学生为主体,根据学生的概念图逐级递进。

具体而言,数学布图这个环节,是教师在钻研教材、分析理解重难点基础上,布置预习要求。引导学生在已有理解、经验基础上,绘制所学内容的概念图。

数学诊图这个环节,是引导学生呈现预学概念图,进行诊断。在异同比较中,发现理解差异,引发认知冲突,去伪存真,去粗取精。

评图这个环节,是引导学生综合教材、学材、已有认知和新认知,通过甄别、比较、评价,加深对学习内容的理解和把握,绘制或调整相对正确的概念图。

导图这个环节,是引导学生用图进行拓展学习,进一步巩固知识和方法,建立知识网络,达到举一反三的作用。

在贯穿教师行为的(数学)引导上,即教师适当抛出一些问题,启发学生,开拓一条新的思路或者转向正确的方向;或是给出一些案例,指导学生如何正确套用公式方法。具体到概念构图,即为教师帮助学生正确理解各概念之间的联系,帮助学生正确分层联结。

## 三、教学示例及分析

为了更好地展示数学概念构图教学基本流程(见图 2-2),下面将选取北师大版六年级下册第 42 页《因数与倍数总复习》的总复习板块,作为教学案例展示数学概念构图教学的基本流程。展示具体案例之前,先介绍一下学生的学习情况和课例内容等背景,再按照更加方便教研讨论的数学学习进程四个环节来展开。

学生在此之前,已学习因数倍数、质数合数、奇偶数等内容。本课相关概念繁多且抽象,在传统教学中,学生学习后,往往只能看到这些概念的局部,无法从整体上窥见概念之间的联系。更为主要的是,这样的复习课枯燥无味,学生很难提起兴趣。针对这种情况,选择概念构图作为本节课复习的载体,使学生在合作探究中不断推导、否定、完善,从而进一步明晰概念之间相互融合的层级关系,以求突破,达到知识之间的有机融合,激发学生的学习兴趣,激发学生对数学的喜爱,是十分有意义的。

（一）数学初学

课程正式开始之前,教师分析出教学重难点后,布置预习要求。此环节中,学生根据任务单,在已有知识体系下构建概念模型图。通过概念图,展示学生已有的认知结构。

教师布图:教师设计导学单。

导学单任务:

（1）关于"因数倍数",你能想起哪些知识点?

（2）想一想,这些知识点有什么联系?

（3）进行简单的梳理,把它们绘制成概念构图。

学生构图:学生根据导学单和已有知识,完成概念图建构。

在学生根据导学单完成概念图建构后,根据学生的完成情况整理作品,将学生概念构图分为三个层次水平:

水平1:只是对知识点进行了简单的罗列,层级关系不清,知识结构松散,如图2-5所示。

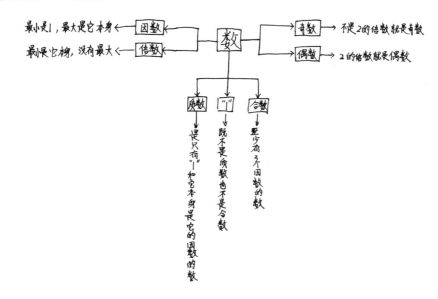

图2-5　《因数与倍数》学生个人概念图（水平1）

水平2:有一定层级关系,但是有些层级关系表达得不够清晰,如图2-6所示。

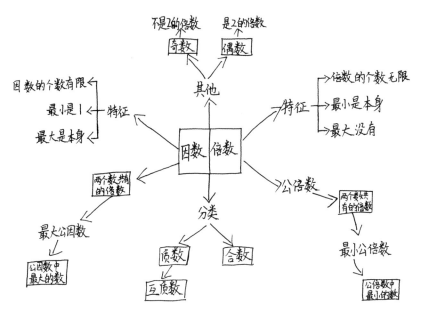

图 2-6　《因数与倍数》学生个人概念图（水平 2）

水平 3：不仅能清晰有序地建构出各个概念之间的层级关系，将零碎的概念构出关系、脉络，且能准确地表达因数、倍数两者是相互依存的，如图2-7所示。

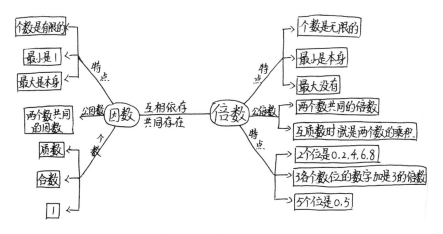

图 2-7　《因数与倍数》学生个人概念图（水平 3）

（二）数学互学

一个人的思维碰撞是有限的，当一个小组或者是一个班级之间的思维碰撞开始发生时，就会发现个体思维的明显差异。这一环节主要是开展小组讨论，通过学生之间互相指正与学习，探讨各自概念模型的不足之处，来不断地修正、拓展和超越学生对知识的初理解。在这个过程中，能达到学生概念图完善、思维生长的目的，使学生不再从字面意思理解概念，而是通过沟通建构起了概念之间的联系。

学生论图：开展小组讨论，通过互相指正与学习，探讨概念模型的优点与不足之处，思维碰撞，开发出新的思路，不断地修正、拓展和超越自己对知识的初理解。通过比较，学习对方的概念图，完善自己的概念图。

思考老师提出的问题，各自做出回答，在部分同学的回答基础上进行补充。

问题1：你能看明白这位同学的作品吗？（出示图2-6）看明白了什么？

生1：我能清晰地看到因数和倍数的特征。

生2：因数和倍数的特征有所不同，但也有联系，最大的因数是本身，最小的倍数也是本身。

问题2：这些概念之间的层级关系是否合适？如果不合适，你会怎么调整呢？

生3：我觉得质数和合数应该放在因数的层级之下，因为根据因数的个数，我们可以把非零自然数分成质数、合数还有1，她把1漏了。

生4：我还有补充，质数和互质数是不一样的，质数是根据因数的个数来判定的，它是一个数；互质数是根据公因数的个数来判定的，它是一种关系。它应该在公因数的层级之下。

生5：我还有点想法，我觉得奇数、偶数应该放在倍数的层级之下，因为奇数、偶数是根据2的倍数特征来判定的。

生6：我有不同意见，奇数、偶数也可以放在因数的层级之下，它可以根据有没有因数2来判定是奇数还是偶数。

问题3：你认同他们的想法吗？你还会怎么调整呢？

生7：同学们说的，我觉得都挺有道理的，我也在想，我可不可以这样？把奇数、偶数移下来，根据因数的个数，非零自然数分成了质数、合数和1，那么根据是不是2的倍数，非零自然数又可以分成奇数和偶数。

教师诊图：以生长空间较大、承载了大部分学生思维水平的图2-6为载体，让学生带图思考以下3个问题：

问题1：你能看明白这位同学的作品吗？看明白了什么？

问题2：这些概念之间的层级关系是否合适？如果不合适，你会怎么调整呢？

问题3：你认同他们的想法吗？你还会怎么调整呢？

（三）合学

该环节让学生以小组合作的形式讨论构图，从构图的形式及思维内容两个角度出发，最终结合大家的意见对概念构图进行修正和完善，完成小组作品。教师对作品进行最终的评价、分析与修正。通过合学，学生不再是简单地把各个概念归结，对概念之间的层级关系理解得更加透彻。思维从单向走向了多向，从散乱走向了结构，将各个单一的知识点形成了成体系的概念图。

教师评图：老师安排学习任务，分组完成概念图。在学生完成概念图后，对作品进行最终的评价分析，对部分概念图中的疏漏进行指正。

学习任务：

（1）在小组内交流自己修正后的成果。

（2）以小组为单位绘制概念构图。

学生正图：学生修正概念图后以小组合作的形式展开讨论，重构概念图，从构图的形式及思维内容两个角度出发，最终结合大家的意见形成小组概念图。可以将学生小组概念图分为三个层次水平，其中，学生小组水平1案例，比学生个人水平1案例要稍微好一点，但在知识点罗列上还稍显简单，层级关系不清，知识结构很低，如图2-8所示。

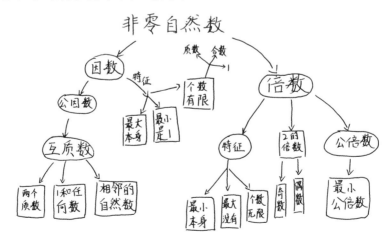

图2-8 《因数与倍数》学生小组概念图（水平1）

学生小组水平 2 案例，和学生个人水平 2 案例差不多，有一定层级关系，但是有些层级关系表达得还不够清晰，如图 2-9 所示。

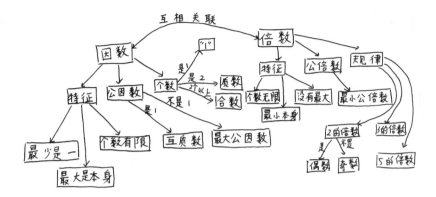

图 2-9  《因数与倍数》学生小组概念图（水平 2）

学生小组水平 3 案例，比学生个人水平 3 案例更进一步，不仅能清晰有序地建构出各个概念之间的层级关系，将零碎的概念构出关系、脉络，准确地表达因数、倍数两者是相互依存的关系，且能揭示出倍数和因数都在非"0"自然数范围内，如图 2-10 所示。

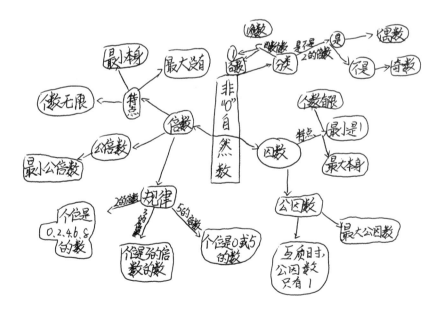

图 2-10  《因数与倍数》学生小组概念图（水平 3）

**（四）拓学**

教师再次进行深层次讲解,引导学生用图拓展学习,应用到实例当中。学生可以借此整理自身的知识体系,将新获得的知识融入已有的知识框架,运用概念构图这一有效的理解路径,促进知识和学习方法的迁移运用,达到应用概念图来解决问题的目标。

教师用图:教师再次进行深层次讲解,示范如何在实例当中应用概念图,引导学生用图拓展学习。甚至将单一学科与其他学科相结合,进行知识的迁移运用。

在学生绘制概念图的过程当中,会出现与知识点相关或者无关,或者与其他学科衔接的知识点的合成部分,基于学生个体认知的差异性,他们会开始探究新的知识点,继而深入学习其他科目来解决这一问题。

如因数与倍数、奇数与偶数的关系不言自明,但是如果将上述四个数混合在一起,那么会出现重叠的情况,以具体的例子来解析,那么它的准确答案往往只有且仅有一个,12 的因数有 1 和 12,2 和 6,3 和 4。其中的奇数、偶数、因数与倍数在 12 的数字分解中有且只有一个,虽然会存在重复,但是对于 12 这个数字而言,它的含义仅为一个。这时教师再次进行深层次讲解,如构成一张桌子的要素只有桌面、桌腿,桌面与桌腿的空间几何体的组建,形成了一张立体的图形。而课桌空的部分则是可以放置东西的地方。如果少一个桌面,那么这张桌子的空间使用功能则会发生改变。所以对于有且只有一个对一件实物而言,它的具体属性概念是不同的。

学生用图:将概念构图应用到实际问题的解决当中,延展到其他科目的学习当中,进行有机结合。并且借此整理自身的知识体系,将新获得的知识融入已有的知识框架。

**（五）课后反思**

在预学过程中,教师可以借助学生完成的概念图清晰地了解学生的知识掌握状况。在互学这个过程中,我们不难看出学生的思维成长,一个学生可能会一定程度地拓宽其他学生对概念的认知,最终带来全体学生精彩的表达与思考。他们不再从字面意思理解概念,而是更进一步地建构概念之间的联系。

合学过程蕴含着重构。通过这样一个重构的过程,我们可以看到,学生对奇数与偶数的处理已经到了柳暗花明又一村的境界了。同时,学生对概念也有了不一样的认识。在这些作品中,学生不再简单地把各个概念归结为数,对概念之间的层级关系理解得更加透彻,思维从单向走向了多向,从散乱走向了结构。

从初构到论图,再从论图回到重构环节。由于水平有限,我们尚不能对学生这种概念构图的演进变化进行具体的呈现,但是可以预测的是,这是以指数级的方式不断地发散,其留下的可贵的东西就是盲点释疑的过程。在实际教学中还发现,学生概念构图演进过程是一个从散乱、孤立到结构化的初级环节,随后再从论图到概念明晰的过程。但是回到再次绘制概念图时,则又有了新的顿悟,那就是在概念图绘制过程当中,会出现与知识点相关或者无关,或者与其他学科衔接的知识点的合成部分,基于学生个体认知的差异性,他们会对新的知识点展开探究,继而深入学习其他科目来解决这一问题。

数学的神秘之处便是数与形的结合的独特之处,用数学思维来理解,那么它的构造别有一番特点。学生在论证充分条件与必要条件,解决新问题或者推导某个问题时,也会应用概念构图的方法来达到快速解决问题的目的,从而更好地实现拓学的效果。

这种数形结合的方法使学生能更好地理解与运用所学知识,将这些概念连接成一个完整的知识体系,并更加熟练地运用。对此,学生也从中感受到了学习的快乐,对数学有了更深刻的体悟。

另外,概念构图在小学数学教学探究中的运用,要结合三个原则:一是遵循学生思维发展的规律来进行概念教学;二是把握好学生的认知水平;三是把握好求同存异的价值。只有遵循这三个原则,才能通过运用概念构图,有效降低教学难度,提升师生互动的教学成效。

### 四、流程推进与理解力提升

如何让学生的理解力在课堂上得到培养? 如何基于理解层次的框架开展深度学习?"四图一思"概念构图教学就是一条很好的实践路径(见图2-11),即初学构图、互学论图、合学正图、拓学用图,反思贯穿全过程,利用"四图一思"实现思维可视化,让隐性的思考显性化、零散的知识结构化、停滞的思维生长化,系统地发展学生的理解力,实现素养提升和品质发展。

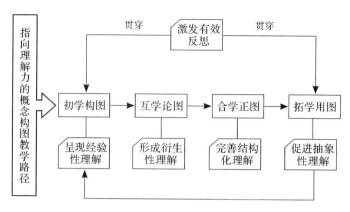

图 2-11 "四图一思"教学路径

（一）初学构图，呈现经验性理解

初学构图，是学生根据已有经验呈现的原生态理解。学生对多元构图表征进行概要、分类，具体可表现为陈述知识、说明理由等。这一环节虽然只是单一性思维，但它盘活了学生大脑中库存的经验性理解。教师则可以通过分析学生的初学构图，了解学生当前的知识水平和当前理解水平，发现学生间的理解差异，再来确定本堂课的教学生长点，真正做到尊重学情，以学定教。

（二）互学论图，形成衍生性理解

互学论图，是一个对经验性理解进行延展、发散，形成衍生性理解的过程。学生在展示、对话、反思的过程中解释、比较，具体可表现为举例说明、识别对错、释义表述、合情推断、比较分析等。以概念构图为交流载体，凭借展示与对话，引发学生的思维碰撞，互相借鉴，激发延展性思维。新知和旧知不断地在学生的头脑中发生积极的相互联系和作用，使学生原有的认知结构不断衍生、重组。

（三）合学正图，完善结构化理解

合作正图，是指向更高质量理解、完成意义关联的构图过程。这个过程以洞察、序化为主，具体表现为归纳总结、揭示关联、形成结构等。通过共同交流、智慧碰撞，修正原有构图，树立更加科学的目标、要素、层级、关联，将学习内容进行横向关联和纵向融通，最终发展学生的系统性思维。

（四）拓学用图，促进抽象性理解

拓学用图，是应用概念图进行知识、方法的运用和迁移的过程。这个过程以应用和创造为主,具体表现为形成基本方法(通法)、转化、问题解决、迁移、生成等。我们不仅强调用图来加深理解、拓展应用,提高学习效果,更强调与过去及未来知识的关联,以及把知识迁移到不同领域、不同界域的能力,形成大概念,以此发展学生的迁移性思维。

　　每个环节,学生都在进行反思,在反思中不断地自我觉察,优化认知,修正概念构图,实现自我超越。整个课堂教学,在构图、论图、正图、用图等一系列学习活动中,当学生呈现不同层次的理解水平和思维状态时,要及时捕捉并巧妙利用,促进学生深度理解和思维生长,发展他们的理解力。具体的结构关系如图 2-12 所示。

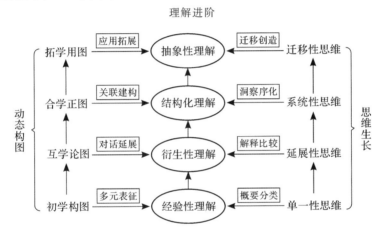

图 2-12　动态概念构图与学生思维生长的结构关系

　　我们注重图思结合,真正让学习和成长在每个学生身上发生,有效扩大理解的张力和活力。实践证明,"四图一思"的操作模型很好地保障了数学概念构图教学的实施,让教学走向"可见的学习"和"深度的理解",让每个学生成为心智自由的学习者,都能体会数学思考和点滴进步的乐趣。因此,课堂中运用概念构图教学路径可以实现思维可视化、知识结构化、理解抽象化,实现学生理解的递进和思维的发展。重原型、辨析、结构、应用、反思的概念构图教学,不仅彰显了思维可视化的魅力,让学生在知识的产生、形成、理解、深化、应用过程中,经历具象化思维向形式化思维转变、零散式理解向结构式理解转变的可视化过程,转变学习方式、提高理解层次、发展数学能力的效果显而易见。

# 第三章　基于概念构图的数学概念课教学

数学概念是数学思维的细胞,是各类公式和性质衍生的源泉,是数学科学知识体系的基础。因此,在小学阶段,数学概念的教学尤为重要。在基于概念构图理论的数学概念课教学中,教师通过概念图将某一特定领域内的概念组织在一起,可以帮助学生在新旧知识的联系中形成自己对知识的认知结构,从而建立自己的知识体系。

## 第一节　基本流程

数学概念的学习就是对一类关于数量关系与空间形式的本质属性进行抽象概括的过程,也是舍弃事物非本质属性的过程。从心理学角度来看,小学生学习概念有两种基本形式,即概念同化和概念形成,因此基于概念构图的数学概念课教学的基本流程也有两种。

### 一、同化类数学概念教学基本流程

概念同化是利用学习者认知结构中原有的概念,以定义或描述方式直接向学习者揭示新概念的本质属性,进而使学生获得新概念的过程。概念同化依靠的是新旧知识的联系,因此指向概念构图的此类课的基本学习流程如图3-1所示。此流程适合两类数学概念的教学:①发展性概念,如平行线、质数、合数等;②与小学生生活经验有密切关系的概念,如圆、三角形等。

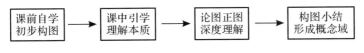

图 3-1 同化类概念教学流程

（一）课前自学，初步构图

课前，教师会设计任务单，要求学生预习之后完成任务单上的题目。因为数学概念比较抽象，教师可以根据具体概念的抽象程度以及学生的实际情况，对构图提出不同的要求，培养学生感知力，同时方便教师根据学生的预习构图情况比较准确地了解学情，使后面的教学设计更有针对性。

1.抽象程度较高的数学概念

在这一环节，教师可以让学生完成如下的构图任务。

（1）思维导图

思维导图和概念图在特点和应用方面均有所侧重和差异。思维导图侧重知识呈现的直观性和思维发散性，较适用于表征学生思考问题的过程及思路，对思维导图的运用要求也较低，只是作为学生思考过程的记录方式；概念图侧重知识网络之间的结构性，其运用要求较高，使用者需深度理解整个知识结构，形成系统思维，且需经过专业化的培训，才能正确绘制概念图。但是两者的应用实质都是为了清晰直观地表征概念与概念之间的关系。因而，教师可以先引导学生尝试构建思维导图，然后进一步标注联结词和不同层级结构的关系来扩充，形成概念图，从而达到思维训练的目的。图 3-2 是以《比的知识》为例的思维导图。

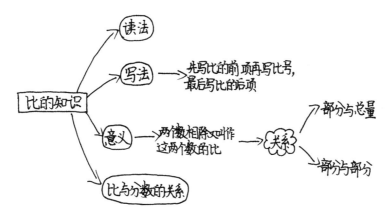

图 3-2 以《比的知识》为例的思维导图

（2）填空型任务

对于抽象程度比较高的数学概念，教师可以设计一些填空型概念图。填空式构图为学生搭好了概念构图的基本支架，学生只需在已给出的概念图上补充所欠缺的节点或连接词即可。虽然降低了构图的难度，但学生在补充概念图的过程中亦能加深对数学概念的理解。图 3-3 是以"面积"为例的填空型概念图。

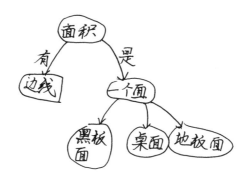

图 3-3　以"面积"为例的填空型概念图

2. 抽象程度不是太高的数学概念

教师在这一环节可以采用群概念建构概念图。教师在任务单上可以呈现一组概念词，学生结合在预习过程中对概念的理解以及外在信息自己建构概念图，让学生亲身体验和尝试构建知识网络，以此培养学生的自主学习能力、独立思考能力和创新能力。

（1）结构型任务

对群概念，学生自己构建概念图的难点是理清概念之间的层级关系，区分上位概念和下位概念。但是厘清上下位概念对于小学生来说具有一定的难度，需要长期的积累和训练，因此初期可先为其设计结构型任务，即布置"如何将新旧知识按某种布局组成更大的结构"的任务。教师通过引导学生在新授课概念图的绘制中，加入前概念命题节点，逐渐丰富概念图，从而加强学生对新概念命题和前概念命题的融合。图 3-4 为以"年、月、日"为例的结构型概念图。

（2）无结构型任务

设计这类概念图时，教师只需给出一组概念词，让学生根据自己的理解制作概念图。图 3-5 是以"圆的认识"为例的无结构型概念图。

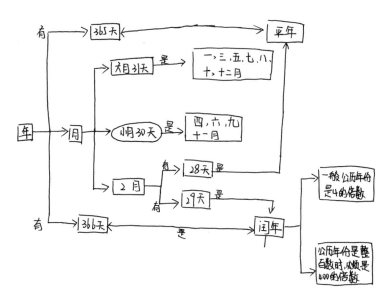

图 3-4　以《年、月、日》为例的结构型概念图

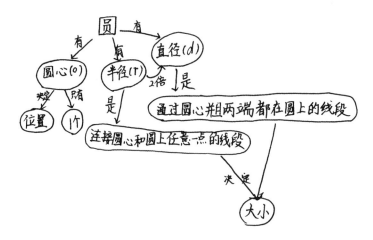

图 3-5　以《圆的认识》为例的无结构型概念图

(二)课中引学,理解本质

　　理解的实质是认识数学概念的本质属性,是数学概念教学的中心环节。数学概念的抽象性与小学生认知特点之间的突出矛盾决定了数学概念的教学过程是复杂的。小学生在预习阶段对数学概念的认知是片面的、直观的、感性

的、零碎的,因此,数学概念的教学不能依靠学生的课前预习和课中讨论得以实现,也不能仅靠教师单纯的讲授来使学生理解抽象的数学概念,需要教师引导学生以具体直观的材料为对象,在动手操作或思维操作的活动中丰富感知,形成稳定的表象支撑,由物化到内化、由具体到抽象,循序渐进地建立概念。

**【例 3-1】《年、月、日》**

1.借助 2020 年日历表,初步感知各月的天数

师:瞧,这是 2020 年的日历表。仔细观察,从中你能看出一年有几个月?

生:12 个月。

(板书:"12 个月")

追问:每个月分别有几天呢? 你是怎么看出来的?

生:1 月有 31 天。

追问:和大家说说你是怎么看出来的?

生:看每个月的最后一天是几号,那个月就有几天。

师:谁再来说说 2 月有几天? 3 月呢?

(生说,师用 PPT 展示 1 月、2 月和 3 月每个月的天数)

师:接下来的月份我们一起来看,4 月有……

追问:你有什么发现?

生:1 月、3 月、5 月、7 月、8 月、10 月、12 月都有 31 天,4 月、6 月、9 月、11 月有 30 天,2 月有 29 天。

2.猜测 2019 年的日历表,深入感知除 2 月以外的 11 个月的具体天数

师:知道了 2020 年每个月的天数,请你试着来猜一猜去年,也就是 2019 年,每个月又分别是几天呢? 把你的想法写在作业纸上。

师:好了吗? 2019 年每个月的天数是不是就是你写的那样? 一起来揭晓答案。

(师用 PPT 展示 2019 年年历表)

师:一样的举手,恭喜你们!

追问:其他同学是哪个月不一样?

生:2 月不一样。

追问:也就是说 2020 年和 2019 年除了 2 月,其他 11 个月份每个月的天数都是一样的,而且不是 31 天就是 30 天。

3.验证其他年份的日历

师:老师有个想法,其他年份中这11个月的天数是不是也都是一样的呢?

(开火车采访)

师:口说无凭,得验证过。每位同学手上都有一份独一无二的年历表,请你拿出它仔细对照验证。

(出示表格)

师:请拿着这些年历表的同学起立,我们一起来统计。1月有几天?(开火车说,红色演示1月)

追问:你的年历表上31天的还有哪几个月?请其中一个同学来汇报。

生:3月、5月、7月、8月、10月、12月。

师:你们也是一样的吗?还有没有31天的月份?其他年份的呢?

师:老师先把它们记下来。

(板书:"31天:1月、3月、5月、7月、8月、10月、12月")

师:有30天的月份是不是4月、6月、9月、11月?其他同学呢?(课件演示)

(板书:"30天:4月、6月、9月、11月")

师:看来刚才我们都猜对了。现在还剩下2月,我们按顺序来统计一下……

师:你发现2月有什么特点了吗?

生:2月有时候是28天,有时候是29天。

(板书:"28天、29天:2月")

师:一年的12个月可以分为31天的,有……30天的有……28或29天是2月。

师:31天的月份称为大月,大月有7个。30天的月份称为小月,有4个小月。2月很特殊,有时28天,有时29天,我们就把它叫作特殊月。

4.巧记大小月

师:你有什么好办法记住这7个大月、4个小月和1个特殊月吗?

生1:我发现大月中,前面的是单数,后面是双数。

生2:7、8是连在一起的。

生3:我是用拳头记忆法的。

生4:还可以用歌诀记忆法。

......

师:介绍了这么多的方法,请你用喜欢的方法记一记。

师:记住它们了吗? 一起来玩个小游戏。

(游戏规则:男生代表大月,女生代表小月,老师说一个月,相应的男生或女生就站起来)

### (三)论图正图,深度理解

通过互学,学生获得了一个包含自己前见在内的新观念,这时候,重建概念图是学生大脑内部进行的与原认知产生"视域融合"的过程,即学生现在的视域与初学构图时所包含的过去或者传统的视域融合一起,从而产生一个新的视域。

【例 3-2】《圆的认识》

教师讲解后,以小组为单位绘制概念构图。

师:以四人小组为单位,把圆的有关概念进行有序整理,并用概念图呈现。

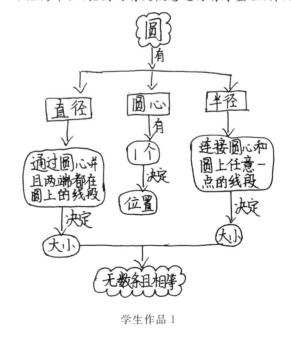

学生作品1

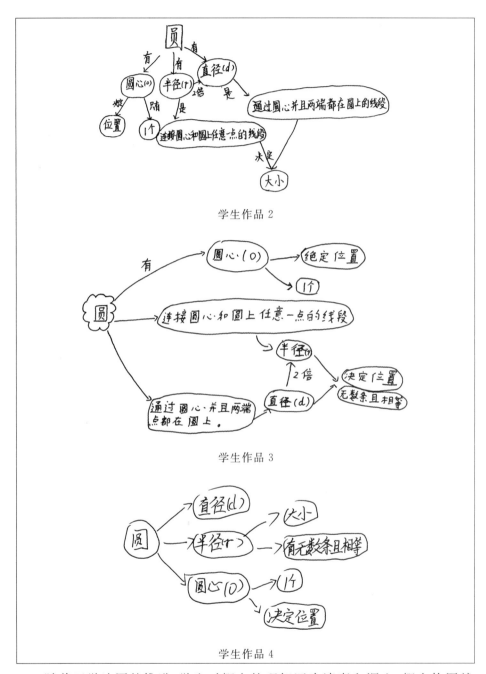

学生作品 2

学生作品 3

学生作品 4

随着互学论图的推进,学生对概念的理解逐步清晰和深入,概念构图就是学生初步内化之后的一个表达,它把原来又多又乱的散碎的无序的认知条理化、网状化、结构化了。

（四）构图小结，形成概念域

构图小结形成概念域是数学概念不可或缺的步骤。通过构图小结加深了知识的吸收，并真正内化为自身知识体系的组成部分，更新或者替代已有知识，成为已有知识的有益扩充，实现知识内容的"意义建构"。进一步回归学生立场，超越点状思维、线性流程、经验定式。立足图示，聚焦思辨，引导学生自主建构、相互建构、深入建构，不断走近学习对象，突破现有知识体系。

---

**【例 3-2】《圆的认识》（续）**

师：现在你对圆的感悟有没有更深入一点？如果再让你来说一说圆是一个怎样的图形，你会怎么说呢？我们来看看古人是怎么说的？

（PPT 呈现："人们很早就认识了圆。在我国古代名著《墨经》中就有这样的记载：圆，一中同长也。"）

师：你们刚才说的和墨子说的一样吗？怎么理解呢？

（完善概念图）

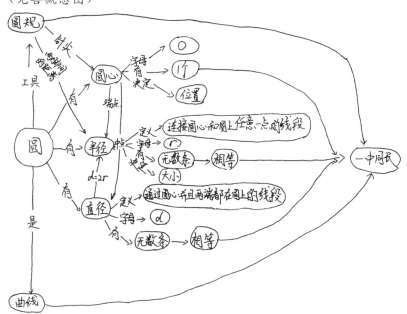

师：当我们把"一中同长"放上来，你觉得该怎么完善这幅图？

师：其实用圆规画圆也是遵循"一中同长"，一中指的是？（针尖）同长

---

指的是？（两脚尖叉开的距离都相等）圆是一条怎样的曲线呢？（圆是一条一中同长的曲线）

学生在经过多次思维方式的选择和知识的迁移过程后，与理解对象产生共鸣，与对象原本的视域进行融合。在这个过程中，学生与新知识产生新的联结，包括知识的产生与来源，知识的本质及规律，学科的方法与思想，知识的意义与价值等等。总之，此阶段学生所生成的理解力表现出学生对某一知识理解的深刻性和整体性。

### 二、形成类数学概念教学基本流程

概念形成是在教学条件下，指从具体例子出发，以学生的感性经验为基础，形成表象，进而以归纳方式抽象出事物的本质属性，提出各种假设加以验证，从而获得初级概念，再把这一概念的本质属性推广到同一类事物中，并用符号表示。概念形成主要依靠的是对具体事物的抽象概括，因此指向概念构图的此类数学概念的基本流程如图 3-6 所示。此流程适合两类数学概念的教学：①原始概念，如直线、射线、线段等；②抽象程度高的概念，如分数的认识等。

图 3-6　形成类概念教学流程

运用概念构图教学的一个显著特点就是促使学生课前预习、整体把握并制作概念图，但是对于原始概念如直线、线段、射线、平面，以及起始概念如面积、周长等新接触的概念课，预习并不能达到预期效果，更适宜通过教师引导一步一步抽象概括概念的本质属性，在这个过程中一步一步构建概念图。下面以"面积单位"为例展开论述。

（一）课中引学

**【例 3-3】《面积单位》**

1. 认识 1 平方厘米

引导：那么它们到底有多大？接下去我们就来研究一下，首先来看 1 平方厘米，请你用自己喜欢的方式表示 1 平方厘米。

（师生活动：学生通过"画—找"等活动认识身边的 1 平方厘米）

（预设：指甲盖、大门牙或纽扣等）

追问：现在对 1 平方厘米的大小有感觉了吗？那 1 平方分米和 1 平方米有多大呢？请你像刚才这样画一画、记一记、找一找，来研究研究。

2. 认识 1 平方分米

引导：接下去你们来给大家介绍一下。

（师生活动：学生通过"画—找"等活动认识身边的 1 平方分米）

追问：他找到这张卡纸是 1 平方分米吗？他的卡纸你们都有了吗？举起来，记一记。

3. 认识 1 平方米

引导：1 平方米有画过吗？怎么都不画？

评价：1 平方米有点大，它是边长为 1 米的正方形面积，1 平方米到底有多大呢？

（二）理解本质

引导学生自己总结身边的 1 平方厘米、1 平方分米、1 平方米。

（三）完善结构

概念教学不仅限于让学生准确了解所教的概念是什么，还要让学生把新学的概念和自己长时记忆中已有的概念联系起来，在这一环节形成概念图，引领学生运用概念图理清概念之间的关系，引导学生辨别异同，从而理解概念的本质特征。

（四）构图小结

巩固掌握面积单位大小的同时，更要区分面积单位和长度单位的差异，从而提高解决问题的能力，让学生能够更清楚地知道周长和面积的概念区别。学生整理知识，描画知识网络（见图 3-7），将易于混淆的知识进行比较区分，形成知识的整体联系，并增强对概念的理解及对整体意义的把握。

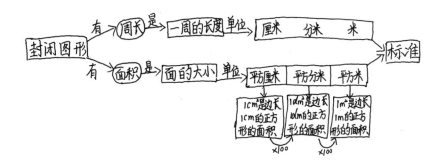

图 3-7　《面积与长度单位的差异》概念图

# 第二节　典型课例

### 课例 3-1：《百分数的认识》课例教学

在正式教学百分数前,教师首先要明确"教什么"和"怎么教"。在众多版本的教材和教学用书中,往往把理解百分数的意义,读写和应用作为重点,把百分数与分数间的区别与联系作为难点。那学生的起点究竟在哪里?他们对百分数有怎样的认识? 为了更好地了解学生的起点及难点,在教学初始,设计了一份前测单,统计结果见表 3-1。

表 3-1　学生对百分数的掌握情况

| 学生回答情况 | 人数/人 | 所占百分比/% |
|---|---|---|
| 一点都不了解 | 9 | 20 |
| 认识百分数 | 36 | 80 |
| 借用分数意义去解释 | 18 | 40 |
| 有一定的理解,但表达不准确 | 33 | 73.3 |
| 知道与分数相似,但弄不清区别 | 24 | 53.3 |
| 会举生活中的例子 | 27 | 60 |

　　大多数学生对百分数有一定的生活经验，对百分数的意义有一定的具体认识，但不能用准确的语言来表达百分数与分数的联系与区别。绝大多数学生没有明确认知，因此画的概念构图比较粗糙，只是很单一的认识，没有知识上的联系与区别。一节课的时间有限，重点和难点非常重要，百分数的读写，学生一看就明白，不需要专门设计环节进行教学。因此，这节课的重点和难点确定为：什么是百分数？百分数有什么用？百分数与分数、倍之间的联系与区别是什么？分子超过 100 的百分数适用于哪些情况？初步形成以下设计思路：教学期间围绕设计思路，通过"初步构图、正图论图、构图小结"等环节抽丝剥茧，层层深入，突破对百分数意义的本质理解，使学生对百分数意义的认识逐步提高，不断完善（见图 3-8）。

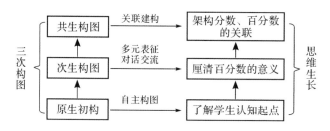

图 3-8　构图小结

（一）课前自学，初步构图

师：你对百分数的了解有哪些？请快速构图表示。

（学生根据任务单，自主构图）

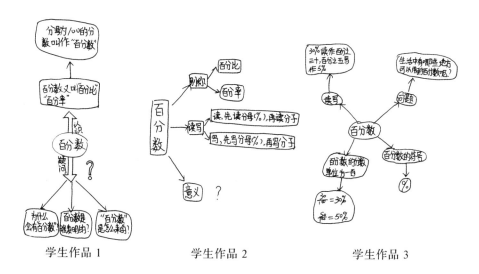

学生作品 1　　　　　　　　学生作品 2　　　　　　　　学生作品 3

师:从同学们的构图中,我们知道了还有这么多有价值的问题需要进一步研究,下面我们就围绕这些问题一起来思考讨论一下。

设计意图:师生共同展示不同的构图,比如百分数的读法、写法、意义等,通过辨析整理,共同提炼出本节课所要解决的关于百分数的问题。通过这个过程,学生不仅很快学习了百分数最基本的知识,而且亲历了百分数概念的形成过程。

(二)课中引学,理解本质

1.教学读法、写法

师:哪位同学愿意来分享一下自己的想法?

生 1:对于百分数我不仅知道百分数就是这样写的,比如 25%,还知道它叫做百分比或百分率,它可以转化成分数和小数,但它表示什么我不清楚,所以我打了问号。

生 2:我还有个疑惑,我们已经学了分数,为什么还要学习百分数? 它们有关系吗?

师:刚才老师发现你们已经知道百分数的读法、写法,我们一起来读一读,写一写

2.教学百分数的意义

师:大家对于"百分数表示什么意思"有些不明白,还提到分数和百分数之间到底有怎样的关系。下面,我们就围绕这些问题一起来研究一下。

师:首先是"小明投篮命中率为 20%"。

师:你能用图来说明它的意思吗?

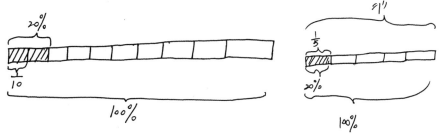

师:这些同学的意思你看得懂吗? 这样表示可以吗?

生 1:我看懂了第一幅,他是用整个长方形表示总个数,平均分成 10 份,其中的 1 份是 10%,2 份就是 20%。

生 2:我看懂了第二幅,他也用整个长方形表示总个数,平均分成 5 份,

其中的 1 份就是 20%,也是可以的。

师:我们明明在说"百分之二十",为什么你们都不把它平均分成 100 份?

生 1:太麻烦了,我们这样就可以表示出 20%。

师:你们的意思是这 20%并不一定要分成 100 份,那么除了这样分,还可以怎样分? 如果平均分成 50 份,可以吗?

生 2:可以。这样就要取 10 份。

师:平均分成 1000 份呢?

生 3:这样要取 200 份。

追问:这么多种分法,都能表示 20%。那么,什么变了? 什么没变?

生 3:分的总份数变了,取的份数也变了,但 20%没变。

生 4:不管我们怎么分,表示"投中的个数"和"总个数"之间的关系没变。

生 5:总个数是投中的个数的 5 倍,投中的个数是总个数的 1/5。这个关系是不变的。

师:对,这个关系也就是( )是( )的百分之几。

师:这样的命中率你觉得小明会满意吗?

生:不满意。

师:对,他和大家想到一块儿了,于是他加强了练习。你们觉得他的命中率会提高到百分之几?

生:50%! 60%!

生 1:投中的个数是总个数的百分之六十。

师:100%是什么意思?

生 2:就是全中。

师:为什么没有比 100%多的,比如说 150%?

生 3:不会超过 100%,因为总个数只有 100 个,投中的个数不可能超过 100。

生 4:"投中的个数"是"总个数"中的一部分,它们两者之间是部分与整体的关系,不可能超过总个数。

3.体现独立量的比较关系

师:接下来是"果园 9 月的产量是 8 月的 150%"。

师:那为什么这里说"9 月的产量是 8 月的 150%"呢?

生 1:这里的 9 月和 8 月是并列的关系,就可以超过 100%。

生 2:这里是两个单独的量的比较,刚才命中率是部分与整体的比较。

师:刚才有没有用图表示这个 150%的?

（呈现画图）

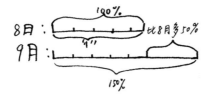

师：谁来解释？

生 3：8 月份有 100 份的话，9 月份就有 150 份。

生 4：9 月份要比 8 月份多，多一半。

师：通过刚才的讨论，你有什么发现？ 现在你对百分数有什么新的理解？

生 5：百分数是来表示一种关系的。

生 6：百分数是表示两者之间的关系，也就是（　）是（　）的百分之几。

生 7：可以表示部分与整体之间的比较关系，这时百分比就不会超过 100%。也可以表示两个不同的整体的关系，这时百分比可以超过 100%。

师：这里还有一份材料（见下表），你看出了什么？

肉类中蛋白质含量

| 牛肉 | 羊肉 | 猪肉 | 鸽肉 |
| --- | --- | --- | --- |
| 20% | 19% | 13.2% | 24% |

生 1：我看出鸽肉的蛋白质含量最高，猪肉的最少。

师：难怪这段时间老师在健身，教练提醒我尽量不碰猪肉，为什么？

生 2：因为猪肉的蛋白质含量最少。

师：食物中的蛋白质含量可不可以用分数来表示？

生 3：可以。

师：我们换上分数来试试。（出示分数）

肉类中蛋白质含量

| 牛肉 | 羊肉 | 猪肉 | 鸽肉 |
| --- | --- | --- | --- |
| $\frac{1}{5}$ | $\frac{19}{100}$ | $\frac{33}{250}$ | $\frac{12}{25}$ |

师：观察一下，你有什么想说的？

生 4：用分数表示，不能马上知道谁的蛋白质含量多。

生 5:百分数更方便我们比较。

师:正因为百分数比分数更方便比较,所以,在生活中我们通常会选择百分数来表示,这也是百分数的优点所在。

(三)论图正图,深度理解

师:百分数和分数有联系,也有区别,带着我们的理解来试试下面的练习。

---

对号入座。(请选择合适的数填空)　　20％　　100％　　$\frac{1}{5}$　　200％

1.老师希望理解百分数意义的同学占全班同学的(　　　　)。
2.某车间机器经过改良,现在每月产量是原来的(　　　　)。
3.一根绳子,用去的米数占总米数的(　　　　),还剩下(　　　　)米。

---

(学生独立完成后反馈)

师:第一题为什么选择 100％?

生 1:因为老师希望我们全部人都理解,那么就是 100％。

师:还可以选哪些数? 为什么?

生 2:选择 20％和 $\frac{1}{5}$ 都是可以的。

师:第二题为什么只能选 200％?

生 3:因为机器改良后,产量提高了,要超过 100％,所以只能是 200％。

师:第三题第一个空有填 20％和 $\frac{1}{5}$ 的,第二个空也有填 20％和 $\frac{1}{5}$ 的,你们怎么看?

生 4:第一个空是都可以填,因为它们都是在表示关系。但是第二个空是问还剩多少米,那么我觉得只能填 $\frac{1}{5}$。

师:还有谁是这么想的?

生 5:我也认为第二个空不能填 20％。因为它是在表示具体还剩下多少米绳子,$\frac{1}{5}$ 米就是 2 分米。但是 20％只能表示两者的关系,不能来表示具体的数量。

师:通过刚才的讨论,你们又有什么新的收获?

生 6:我知道了分数既可以表示具体的数量,也可以表示相比的关系,但百分数只表示相比的关系。

生 7:我知道了百分数是分数中的一种,但它们还是有区别的。

师:说得真好! 看来分数和百分数是有联系,也有区别的。现在,如果请你把今天的收获用构图来整理,你会做哪些修改和补充呢? 试试看。

(学生展示交流)

生1:分数的意义有两种表示,一种表示关系,一种表示具体的量。百分数的意义只表示关系,我在图中加了这一部分。为什么有了分数还要有百分数呢? 因为百分数更方便我们比较(见下图)。

生2:我也补充了分数与百分数的关系。分数可以表示量,也可以表示关系,当表示关系时,我们可以转化为百分数来表示,因为它更方便比较(见下图)。

生3:我现在知道为什么有了分数还要有百分数,百分数更能让人看出所占比率,方便比较,只要看分子就好了。

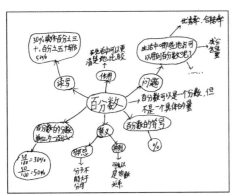
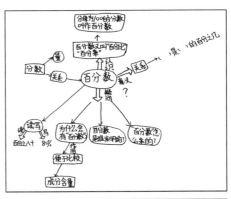

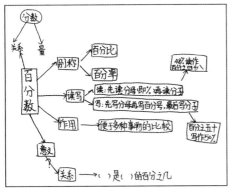
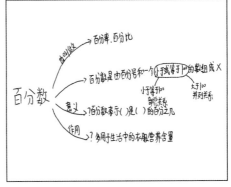

(四)构图小结,形成概念域

师:通过今天的学习你有哪些收获?

(学生发表收获,并与原有知识关联)

**课例 3-2:《什么是面积》课例教学**

教学内容:北师大版数学三年级下册第 49 页至第 50 页。

(一)初学构图,激活经验

师:听说过面积吗? 课前同学们用构图的方式表示了自己的理解,让我们一起欣赏两位同学的作品。

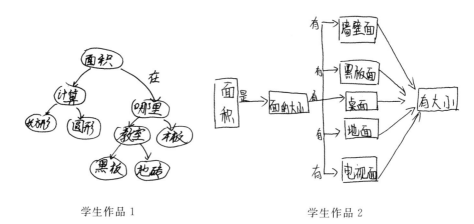

学生作品 1                                      学生作品 2

(二)课中引学,理解本质

1.抽象概括

师:这两位同学的理解有什么不同呢?

生:突出了面的大小。面有大小……

师:那请你说说,这两个面谁大? 谁小? 谁能举一个比××面大的面? 举一个比它小的面呢?

(学生举例)

小结:对的,面是有大小的。这些面的大小就叫这个面的面积。

师:像这样,你能不能找个身边的例子来摸一摸它的面,跟同桌说一说、比一比,谁的面大一些?

(学生同桌合作)

师:你们各摸了什么面? 谁的大? 怎么知道的? (观察)

(学生反馈)

师:刚才我们说的面可以叫"物体的表面"。

(板书:"物体表面")

师:刚才我们说物体的表面是有面积的,那么长方形有面积吗?

（学生举例）

师：还有吗？什么图形也是有面积的？

（学生举例）

师：刚才大家说的这些图形，我们以前学过，叫"封闭图形"。

（板书："封闭图形"）

（出示七巧板）

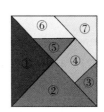

师：这是七巧板，你看这里哪个图形的面积大？哪个图形的面积小呢？

生：1和2的面积最大，它们的面积是一样大的。

生：3和5的面积最小。

师：看来封闭图形也是有大有小的。

小结：现在如果让你们再来说一说什么是面积，你能不能用自己的话来概括一下？

（学生反馈）

（板书："物体表面或封闭图形的大小叫作它们的面积"）

2.理解面积本质

师：这个正方形的七巧板的面积，你们看有几个1号三角形那么大？

生：4个。

师：想象一下，第二个在哪？（演示）第三个、第四个呢？你发现了什么？

生：正方形的面积正好是4个1号三角形。

师：如果还是这个正方形，它的面积是几个7号三角形那么大呢？

生1：7个。

生2：8个。

师：现在有多种猜测，你支持谁的想法？

（学生做空间想象，教师做演示推理）

师：第二个三角形铺哪？然后呢？4个2正好是8，所以是8个7号三角形。

师：同样一个正方形，它的面积有4个1号三角形那么大，又说是8个7号三角形那么大，数量为什么不一样？

（投影：4个1号三角形；8个7号三角形）

生：因为去铺的三角形的面积不一样。

生：1号三角形和7号三角形的面积不一样。

师：所以同样一个正方形的面积，用不同的标准去铺，数量是不一样的。

师：看来大家对面积的认识和理解已经很深入了。现在我们来比一比两个图形的面积大小。

师:这两个图形,谁的面积大?

(电脑出示投影)

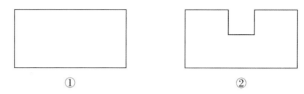

①       ②

生1:1号图形的面积大。

师:有不一样意见的吗?

生2:2号图形的面积大一点。

生3:一样大。

师:现在有几种不同意见,你同意谁的? 说说你的理由。

生4:1号大,因为2号缺少了一块,所以1号大。

生5:我们可以来铺一铺,数方格。

(课件演示)

师:为什么刚才有人说2号大呢?

生5:他们在比周长了。因为2号的周长长一点。

师:面积和周长一样吗? 什么是周长还记得吗?

(投影:一周的长度)

师:谁来比划一下,这两个图形的周长在哪?

(动态演示)

师:那么面积是什么意义?(看板书:物体表面或封闭图形的大小叫作它们的面积)那么1号图形的面积在哪? 2号图形呢? 如果比面积的话,谁的面积大一些?

师:通过刚才的活动,你们有什么想说的? 你有什么发现?

生1:周长长一点的图形,面积不一定大。

生2:面积是物体表面或封闭图形的大小。周长长的,面积不一定大。

生3:面积不是周长。面积是看大小的,周长是比长短的。

3.比较大小

师:比较下面两个图形的面积大小。谁的面积大?

生:一样大。

师:有不同意见吗? 为什么呢?

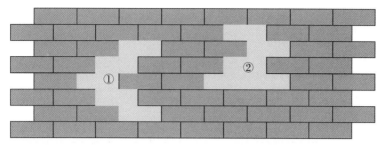

生:它们都是5个小长方形那么大。(可演示)

师:谁听懂他的意思了? 为什么这里数量一样就可以说它们面积相等?

师:数量都是5块,面积就肯定相等了?

生:因为这里每个小长方形的面积是一样大的。

师:谁听懂他的意思了? 谁能把他的意思解释得更清楚一点?

师:哦,因为铺的小长方形的面积是一样大的,说明标准是一样的,所以数量相同就是面积相等。

师:你能比出这两个图形的面积大小吗?(出示图片)

生1:1号图形的面积比2号的大。

生2:2号的面积大一些。

生3:一样大。

生4:比不出来。

师:看来现在通过直接观察是很难判断了。(可板书"观察")

师:你有什么好办法来证明吗? 静静地动脑筋想一想。

(四人小组讨论)

师:哪个组向大家来汇报一下,你们想出了什么办法来比较它们的面积大小?

生1:割补法。(可以用课件或实物演示,板书方法)

生2:铺摆图形。(问:你拿什么来铺呢?)

生3:放到方格纸上数一数。(板书方法。可提供方格纸)

师:老师给大家准备了材料,按你们自己喜欢的方法进行验证,谁的面

积比较大？（学生两两分组动手操作）

（展示学生的方法）

生1：全铺满的。

生2：只铺长和宽的。

生3：先重叠再铺。

生4：剪拼的。

（结论：1号图形需要15个小正方形，2号图形需要16个小正方形）

生1：所以正方形的面积比长方形的面积大。

生2：2号图形的面积比1号图形的面积大。

小结：通过刚才的活动，你有什么想说的？

生1：当我们无法直接观察判断面积大小的时候，可以选择用正方形来度量。

生2：面积的大小可以通过一个标准物来度量。

生3：比较面积的大小有很多方法。

（三）正图论图，深度理解

师：你能用构图的方式说一说你对面积的理解吗？

（学生展示构图作品1、作品2）

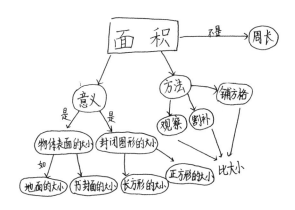

学生作品1

生1：面积是物体表面或封闭图形的大小。

生2：面积和周长是不同的概念，周长相同，面积不一定相同。

（四）构图延伸，形成概念域

师：学到这里，请大家来回顾一下，今天我们研究了什么？有什么收获？

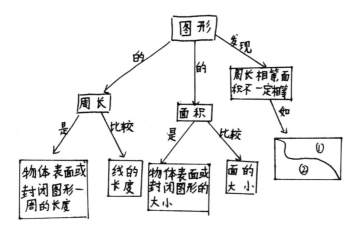

学生作品 2

我们是怎么研究的？你印象最深的是什么？你还想到了什么？（教师示例）

　　运用概念构图教学的一个显著特点就是促使学生，整体把握并制作概念图，这样，学生的学习就不只是做做习题了，学生必须在理解的基础上，找出重点概念，并把主要概念整理成一幅网络图。本节课从"初学构图"开始，使学习变为结构式学习，从低层次思考转变为高层次思考。整节课以"比大小"为主线，寓教于乐，数形结合，层层深入，以图促教、以图促学。

# 第四章 基于概念构图的数学规则教学

规则学习是小学数学学习的重要组成部分。数学规则是指两个或两个以上数学概念之间的关系及其规律性在大脑中的反映,主要内容为法则、定律、公式等。《义务教育数学课程标准(2011 年版)》指出,数学课程应该返璞归真,努力揭示数学概念、法则、结论的发展过程和本质。因此,对数学规则的教学,要引领学生探寻数学本源、回溯知识源头、走进规则内部,经历再探索、再发现和再创造,适当亲历数学规则的形成过程,感悟数学规则既是约定的条文,更是人们统一意愿的体现,是基于合理性的内在生发,从而对规则产生亲近感。

## 第一节 基本流程

根据新规则与原有认知结构中有关数学知识之间的联系,小学数学的规则学习主要分为上位学习、下位学习和并列学习。如果新规则在层次上高于原有认知结构中的有关知识,需要归纳、综合、概括成新的数学规则,那么新规则的学习就是上位学习。上位学习须具备两个条件:一是所学习的数学规则在概括层次上要高于原认知结构中的已有知识;二是原认知结构中要有可供归纳和概括的内容。如根据长方体的体积计算公式、正方体的体积计算公式、圆柱体的体积计算公式概括出统一的计算公式 $V = Sh$ (见图4-1),这就属于上位学习。

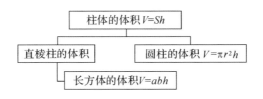

图 4-1 体积公式的推导

如果所学习的新规则在概括水平上低于原有认知结构中的知识水平，那么这时的学习就是下位学习，如图 4-1 所示。如学习了长方体体积公式之后，再学习正方体体积公式，那么正方体体积公式的学习就是下位学习。

如果所学习的新规则仅仅与原有认知结构中相关内容有一定的联系，但既不属于上位关系，也不属于下位关系，借助类比进行学习，那么这时的学习就是并列学习。并列学习所采用的推理主要是类比，其关键在于寻找新规则与原有认知结构中有关法则、规律、性质的联系，在分析这种联系的基础上通过类比实现对新规则的理解和掌握。如分数的基本性质、比的基本性质与除法中商不变性质可以通过类比加以沟通，形成求同关联的新认知。

在小学的数学规则教学中主要有两种呈现方式："例—规"法和"规—例"法。因此基于概念构图的数学规则教学也有如下两种基本流程。

## 一、"规—例"法教学基本流程

"规—例"法是教师先推导出要学习的某个规则，然后通过若干的实例来说明规则的一种教学模式。这种教学模式往往比较适用于下位规则的学习。其条件就是学生须掌握构建规则的必要概念。例如，在学习了长方形的面积计算规则（公式）后，学生可以利用正方形的特征——正方形是特殊的长方形这种关系，直接获得正方形的面积计算公式，然后再通过多个例证来说明公式的应用。指向概念构图的此类数学规则教学的基本流程如图 4-2所示。

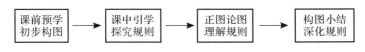

图 4-2 "规—例"法教学基本流程

这类模式适合于学习起来不太困难的具有下位关系的规则，对小学生来说，小学数学知识并不是新知识，在一定程度上是一种旧知识，在他们的生活中已经有许多知识的经验,如计量单位米、千克、年、月、日、时、分、秒等,课堂数学学习是对他们生活中有关数学现象、经验的总结与升华,是把生活常识系统化。再如,梯形的面积、三角形的面积,对小学生而言虽然生活中没太多了解,但是推导方法和平行四边形面积是完全一致的。

(一)课前预学,初步构图

奥苏贝尔曾说:"影响学习的唯一的重要因素就是学习者已经知道了什么。"因此,需要教师探明学生对相关规则到底掌握到了什么程度,从而确定本节课学生的现实起点在哪里。例如在教学《梯形面积计算》课前,教师会设计任务单,要求学生根据生活经验完成构图,主要目的是回顾并整理已学图形面积计算的推导过程和方法(见图 4-3)。

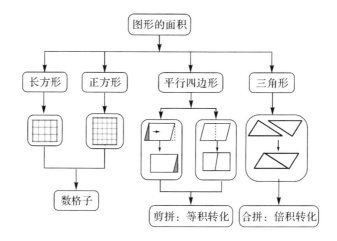

图 4-3　根据生活经验的学生构图

(二)课中引学,探究规则

这部分是教学的重点,也是学生把生活经验系统化的过程,因此教师在这一环节需要从学生的实际情况出发,通过设计问题串或者设置数学活动,因势利导、层层深入,一步步引领学生获得数学知识。

【例 4-1】《梯形的面积》

师:通过"剪拼法"和"合拼法"是否也可以求出梯形的面积? 你会怎样求梯形的面积呢? 分享你的方法。

(1)用两个完全相同的梯形拼成一个平行四边形。

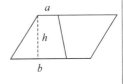

合拼法

用"合拼法"把两个相同的梯形拼成平行四边形,先算出平行四边形的面积,再除以 2,就可以算出梯形的面积。除以 2 的道理是:梯形的面积是拼成的平行四边形面积的一半,所以 $S = (a+b)h \div 2$。

(2)把一个梯形剪拼成平行四边形。

剪拼法

用"剪拼法"把一个梯形沿两腰中点的连线剪开,再拼成一个平行四边形。拼成的平行四边形的高是梯形高的一半。

$$S = (a+b) \times (h \div 2) = (a+b)h \div 2$$

(3)把一个梯形剪成两个三角形。

分割法

把一个梯形沿着对角线分割成两个三角形,两个三角形的面积相加就是梯形的面积,所以 $s = ah \div 2 + bh \div 2 = (a+b)h \div 2$。

师:这么多的方法,却总结出了一个同样的面积公式。每种方法除以 2 的原因一样吗?

总结:同学们找到的方法真多啊,看来梯形的面积公式除了可以用"剪拼法"和"合拼法",还可以用"分割法"来解决。

在已有的"等积变形"和"倍积变形"的经验支撑下,学生必然会产生不同的思路或方法,不同的学生会从不同角度进行公式推导。围绕"怎样求出梯形的面积"这个核心问题,学生大胆尝试,运用不同的方法进行转化。在汇报交流阶段,紧紧抓住计算梯形的面积"为什么除以 2"这个核心问题,让学生在多种方法之间进行对比。

(三)正图论图,理解规则

这一环节是教学的高潮环节。随着学习的推进,教师、学生共同交流,不断进行思维碰撞。在原有构图的基础上,教师通过适当的引导和点拨,学生深入思考,不断地添加知识点、学习体会等,进行拓展延伸,建构新的知识框架体系,修正、完善图示。

**【例 4-1】《梯形的面积》(续)**

师：请同学们根据刚才梯形面积的学习，补充我们之前的构图。

师：同学们，观察我们的构图，你有什么想问的？

问题1：为什么推导梯形面积的方法最多？

师：这个问题你们是怎么想的？

生：因为我们已经学了很多种图形的面积，所以我们可以把梯形转化成之前学过的任何一种图形。比如平行四边形，它就只能转化成长方形，没有梯形可以转化的图形多。

师：是啊，遇到一个新问题，我们不妨去回忆之前的知识，也许就能得到启发，转化是解决新问题很好的方法。

问题2：为什么梯形的面积公式和之前三角形的面积公式最像？

师：有点意思，哪里像呢？

生1：都要除以2，都有高，$a+b$ 可以看成三角形里面的底。

师：我们一起来做一组练习，你会有更深的感受。

（多媒体课件逐个呈现下图中的图形，并让学生计算各自的面积。单位：cm）

（出示①②两个梯形后，提问：想一想，下一个图形可能是怎样的？）

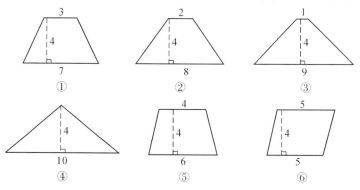

生：上底1，下底9，高4。

师：继续变，下一个又会是怎样的图形呢？

生：上底是0，变成三角形了。

师：梯形怎么变成三角形了？还能用梯形的公式计算三角形面积吗？

生：我们可以把三角形看作上底为0的特殊梯形，$(0+10)×4÷2=20$。

师:你会求它的面积吗?(出示⑤号图形)

生:(4+6)×4÷2=20。

师:想一想,继续变化,会变成什么图形?怎样求它的面积?

生:会变成平行四边形,5×4=20。(出示⑥号图形)

生:也可以把平行四边形看作特殊的梯形,(5+5)×4÷2=20。

(四)构图小结,深化规则

**【例 4-1】《梯形的面积》(续)**

师:梯形的面积公式,特殊情况下就是三角形、平行四边形的面积公式。(教师示图)

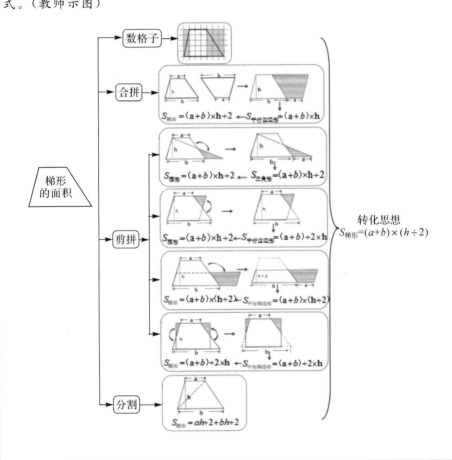

在学生的概念构图中集中呈现所学的知识。梯形的面积的推导方法种类的多样化，让学生说一说原因，感悟到转化成旧知是解决陌生问题的良策。在比较中学生发现梯形面积公式和三角形面积公式的相似性，借学生的回答发现方法四"割补法"，真是意外的惊喜。沟通梯形面积、三角形面积、平行四边形面积公式之间的联系，对发展学生的空间想象能力有重要作用。

## 二、"例—规"法教学基本流程

"例—规"法是先呈现与数学规则有关的若干肯定例证，然后引导学生从例证中观察、分析，逐步概括出一般结论，从而获得数学规则的方法。小学数学学习中，大部分内容都属于"例—规"法学习，如加法运算律、乘法运算律、长方形的面积公式、长方体的体积公式等都可以通过归纳推理得到结论。显然，这种教学模式比较适用于规则的上位学习，应采用如下教学模式（见图4-4）

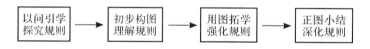

图 4-4 "例—规"法教学基本流程

此流程适用于全新的数学规则。概念构图是一种可视的认知结构表示法，旨在帮助学生组织、整理、记忆和联结新信息与先前知识的结构，有助于学生建构和重组知识结构。但是在学生认知结构中，数学规则几乎为空白，需要把教学重心放在引导学生学会建构数学知识规则上。

（一）以问引学，探究规则

公式的推导、定律的形成是教学的重点，学生很难自我构建概念图，需要教师一步一步突出重点、突破难点，在此基础上形成概念图，从而实现知识的内化。

【例 4-2】《乘数是整十整百数的乘法》

（1）计数器演示 $3 \times 2$

师：$3 \times 2$ 是怎么表示的？你是怎么拨的？

生1：先在个位上拨 3 颗珠子，再拨 3 颗珠子。

师：可以的。还可以怎么拨？

生2：先在个位上拨 2 颗珠子，再拨 2 颗，再拨 2 颗。

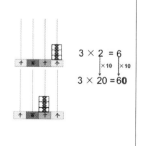

（课件演示）

师：1个2,2个2,3个2,结果是6。

（2）计数器演示3×20

师：3×20呢？1个20,2个20,3个20,结果是60。

（3）对比两次的2颗珠子

师：刚才都是2颗2颗拨,拨了3次,为什么结果不一样呢？

生：第一次是在个位上2颗2颗拨,拨了6颗珠子,所以结果是6个一；第二次是在十位上2颗2颗拨,拨了6颗珠子,是6个十。

师：什么意思？

生：个位上的珠子表示几个一,十位上的珠子表示几个十。

师：珠子所在的数位不一样,表示的大小就不一样。乘数2从个位到了十位,就是扩大了10倍,另一个乘数3不变,积也就扩大了10倍。

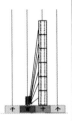

（4）计数器演示30×20

师：30×20表示30个20。十位上出示30组2颗珠子,5组换百位上的1颗珠子,换6次。百位上的6颗珠子表示6个百,是600。

对算理的理解离不开实物的演示,从借助"有形"的计数器开始思考,逐步走向"脱离"计数器,通过运用数的意义来推理算法,整个过程经历了理解算理、内化算理、概括法则、内化法则、迁移运用,最终形成了关于乘数是整十数的乘法的口算方法。

**【例 4-2】《乘数是整十整百数的乘法》（续）**

师：对比3×2,3×20两组算式。谁来说说这两组算式的规律？

生：一个乘数不变,另一个乘数扩大10倍,积也要扩大10倍。

师：再仔细观察这两组算式,你还能发现什么？

生：一个乘数扩大10倍,另一个乘数扩大10倍,积就要扩大100倍,扩大100倍就在积的末尾添两个0。

师：你自己说说这两个0表示什么意思。

生:扩大了 100 倍。

师:现在我们就明白刚才那位同学说的两个 0 是什么意思了。

生:这两个 0 就表示扩大 100 倍。

师:如果是 30×200 呢? 积是?

生:6000。

师:300×200 呢?

生:60000。

生:扩大 10 倍就添 1 个 0,扩大 100 倍就添 2 个 0,添了 3 个 0 就是扩大 1000 倍,添 4 个 0 就是扩大 10000 倍。

师:我们还可以继续扩大。用上这样的规律就可以了。

从动手操作计数器到脱离计数器,再到规律的形成,直至建构出乘数是整十数的计算模型,这样的学习过程符合学生的认知特点。通过让学生循着一条清晰的学习路径,到达轻松掌握口算方法的彼岸,同时也为学生今后进一步学习笔算乘法、积(商)变化规律等相关内容埋下巧妙的伏笔。

(二)初步构图,理解规则

理解算理、推导法则是教学的难点,这些难点是隐晦的,需要较强的逻辑推理能力,学生很难自我构建概念图,需要教师一步一步突破难点。逐步建构与内化的过程,借助概念构图的梳理,对形成知识网络十分重要。

【例 4-2】《乘数是整十整百数的乘法》(续)

师:如何用概念图说明刚刚发现的规律?

(4 人一组讨论)

生 1:一个因数乘 10,另一个因数乘 10 ,积乘 100。

生 2:一个因数扩大 10 倍,另一个因数扩大 10 倍,积扩大 100 倍。

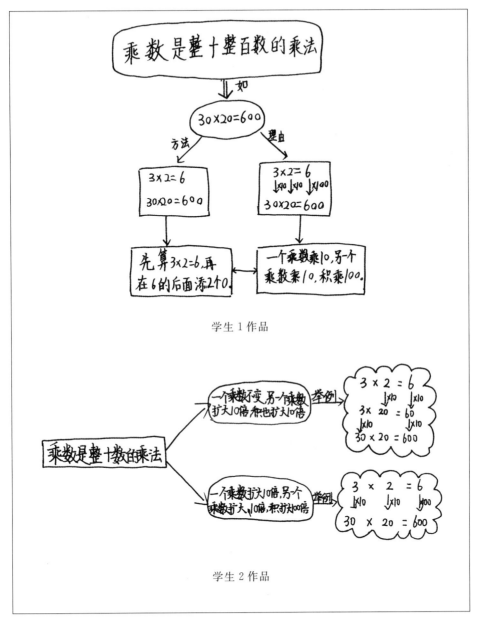

学生 1 作品

学生 2 作品

**（三）用图拓学，强化规则**

小学数学规则教学的最终目标是学生能熟练应用规则解决问题。用图拓展学习，学生基于情境、基于问题主动自觉地学习，在持续的实践与活动、协作与交往中，检验自身的学习成果和效果，逐渐增加学习的广度、深度、难度,将所学转化为自身的言行。学生在实践中,整理自身的知识体系,不断将新获得的知识融入已有的知识框架,为学习带来源源不断的动力。学习不再是一种负担,反而成为生命成长的一种自然状态。

---

**【例 4-3】《两位数乘两位数》**

师:根据两位数乘两位数的法则预测三位数乘两位数的法则,并进行计算。

(学生猜测并实验,得出三位数乘两位数的计算方法)

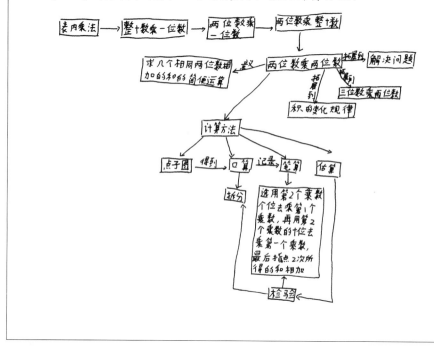

---

(四)正图小结,深化规则

随着构图、展图、解图的层层推进,让学生从整体上对知识有了结构化、整体化的认知。学生不断优化自身的认知结构,深化对知识的理解,同时,反思自己的构图过程,修正自己的概念构图,进行有意义的思考。

---

**【例 4-4】《长方形、正方形、圆柱的体积公式及其关系》**

师:你会怎么整理这些有关体积的知识?还有什么要补充的吗?

生 1：我想到不规则物体的体积计算可以补充一下。其实就是想办法转化为"规则物体"的体积来计算。

生 2：我想补充单位。

生 3：其实它们的体积计算是一样的，都是底面积×高，我要加上去。

（师生构图）

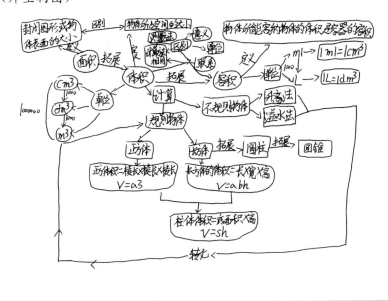

# 第二节　典型课例

### 课例 4-1：《小数点搬家》课例教学

（一）以问引学，探究规则

（黑板上贴着数位顺序表）

师：这是什么？现在有一个数字（出示卡片 1），表示几？

师：这个数字"1"很淘气，它搬家了，它移到了这个位置（移到十位），这时如果要写出数来应该写几？（10）

师：这 0 为什么添上去？谁能来解释一下？

生：添上这个 0，占了个位，以保证 1 在十位上。

师:说得真好。那么请大家来思考一个问题:刚才"1"的位置变了,这样数(板书"1→10")的大小发生了什么变化?

生1:10 比 1 大 9。

生2:进率是 10,或扩大 10 倍,也就是 10 是 1 的 10 倍。

(板贴:得到的数是原数的 10 倍)

师:"1"又搬家了,现在移到了这里(指百位),现在呢? 数的大小又发生了什么变化?(板书"10→100"或"1→100")

生:100 是 10 的 10 倍,100 是 1 的 100 倍。

(板贴:得到的数是原数的 10 倍)

师:现在"1"在百位上,它又这样移了(移到十位),这时数的大小发生了什么变化?

生:缩小了 10 倍,除以 10,也可以说 10 是 100 的十分之一。

师:再搬一位呢?

生:得到的数是原数的 $\frac{1}{100}$。

师:通过刚才的活动,你有什么发现? 谁能用自己的话来说一说?

生3:1 在数位顺序表中的位置变了,数的大小也变了。

生4:这个变化是有规律的。移动一位,变化 10 倍。

生5:数字在数位顺序表中向高位移动一位,就扩大 10 倍(×10),得到的数是是原数的 10 倍;向低位移动一位,就缩小 10 倍(÷10),得到的数是原数的 $\frac{1}{10}$。

师:刚才我们发现数字在整数部分移动位置,数的大小是会有规律地变化的。那么问题来了,是不是只有在整数部分里移动才有这样的变化规律呢? 大家想办法验证一下。

(学生独立思考)

师:是不是只有在整数部分里移动才有这样的变化规律呢? 谁来说说自己的观点?

生6:在小数部分移动也有同样的变化规律,如 0.1→0.01,数字"1"从十分位移到百分位,数的大小缩小了 10 倍(÷10),也就是得到的数 0.01 是原数 0.1 的 $\frac{1}{10}$。

师:有谁听懂了他的意思? 请重复一下。

小结:"1"在十分位是 0.1,移动到百分位上是 0.01,数缩小了 10 倍。

师:刚才同学发现的是只在小数部分移动的,还有没有不同的情况? 整数部分移动到小数部分或小数部分移动到整数部分会不会也有这样的规律呢?

生 7:变化规律是一样的,如"1"在从个位移到十分位,即 1→0.1(板书),数的大小也缩小了 10 倍(÷10),也就是得到的数 0.1 也是原数 1 的 $\frac{1}{10}$。

生 8:如 1 从十位移到十分位(移动了 2 位),即 10→0.1(板书),数的大小也缩小了 100 倍(÷100),也就是得到的数 0.1 也是原数 10 的 $\frac{1}{100}$。

生 9:如 1 从十分位移到个位(移动了 1 位),即 0.1→1(板书),数的大小扩大了 10 倍(×10),也就是得到的数 1 也是原数 0.1 的 10 倍。

(二)初步构图,理解规则

师:4 人一小组,构建概念图,请把你们的发现用图表示出来。

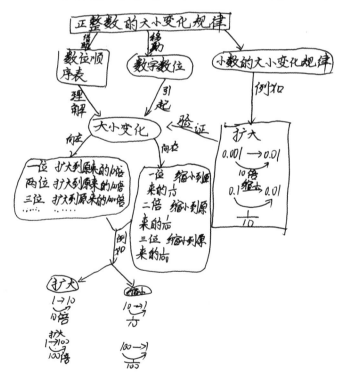

学生作品 1

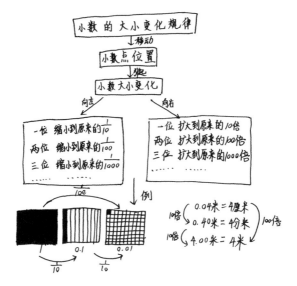

学生作品 2

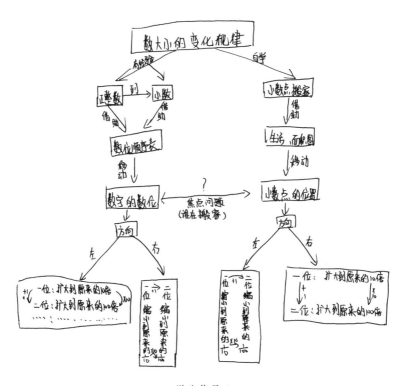

学生作品 3

师:我们刚才研究出来是数字在移动位置,书上却说是小数点在移动位置,到底是谁在移动位置?(静静地思考)

生10:是小数点在移动位置。

生11:是数字在移动位置。

生12:两者其实是一样的。数字移动了,好像小数点移了,都是移动一位,变化10倍。

师:你们真厉害,一般的人是真的不能看出来小数点搬家其实是数字在数位顺序表中移动位置!给你们点赞!

(三)用图拓学,强化规则

师:既然是"数字在搬家",那么为什么人们都喜欢说"小数点搬家"啊?

(静静地思考)

师:如果用"数字搬家"来介绍规律,谁来试试?

(每个数字都要介绍它的移动……)

师:如果用"小数点搬家"来介绍规律,谁来试试?

(只要介绍小数点的移动……)

师:现在大家知道为什么人们喜欢说成小数点搬家了吗?

生:方便!

小结:我们一起来把这个规律再来说一遍。

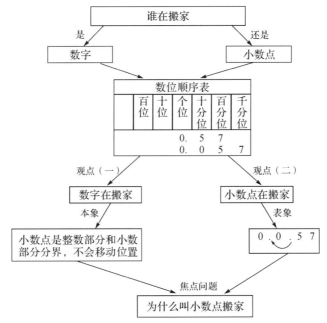

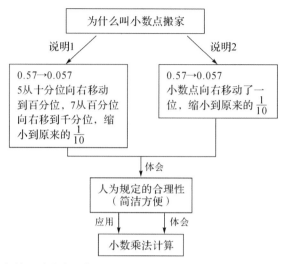

（四）正图小结，深化规则

师：我们来回顾一下今天的课，我们是怎么来学习的？

生：先探究数字移动的变化规律，再自学课本，知道了小数点移动的变化规律，最后明白其实是同一回事。

师：你有什么收获和感悟？

生：小数点向右移动 1 位，得到的数是原数的 10 倍（×10）。小数点向左移动 1 位，得到的数是原数的 $\frac{1}{10}$（÷10）。

师：你特别想强调或提醒大家的是什么？

生：数的大小变化，表面上看是小数点在左右移动，本质上是数字在数位顺序表中的位置发生了变化，其实它们是同一回事。

（学生修正概念图）

概念构图教学以学生发展为中心，强调学生积极主动地思考，生动活泼地参与，具体表现为高质量的思维互动、高程度的自觉投入、高层次的情感体验。学习过程中，学生从原有认知结构初学构图，通过反思、修正构图，不断打破原有认知结构，最大限度地发挥全体学生的发展本能和生命潜能。

### 课例 4-2:《小数除以整数》课例教学

（一）学情调查分析

学生在学习《小数除以整数》之前已具有哪些经验？会用哪些方法来计

算"小数除以整数"？会计算的学生能否理解算理？学生的学习难点在哪里？这些问题是我们开展教学设计和实施的关键,需要详细了解。

为了准确把握这些基本的学情,我们设计了调查问卷,对城区某小学四年级 88 名学生进行了问卷调查,时间 15 分钟,其间未做任何提示。同时还对个别学生进行了访谈。

问题 1:买了 5 支铅笔,用了 11.5 元,每支铅笔多少元?

(1)学生得到正确结果的情况统计:

| 学生情况 | 能得到正确答案 | 不能得到正确答案 |
|---|---|---|
| 所占比例 | 97.7% | 2.3% |

从上表中不难发现,学生在计算"11.5÷5"时已有 97.7% 的人有办法得到正确答案。可见对学生来说,这个新问题还是能利用已有经验来解决的。这样的结果告诉我们,在课堂教学时一定不能把学生当作一张白纸,而应利用他们的已有认知基础,关注他们的学习需求和认知障碍。

(2)学生使用多种方法的情况统计:

| 方法 | 1 种 | 2 种 | 3 种 | 4 种 | 5 种 |
|---|---|---|---|---|---|
| 所占比例 | 12.5% | 52.3% | 27.3% | 3.4% | 2.3% |

我们对学生计算"11.5÷5"时能想到的方法又进行了统计,发现有 52.3% 的人想到了 2 种方法,有 27.3% 的人想到了 3 种方法,但想到 3 种以上的学生并不多,只想到 1 种方法的学生也不是很多。

(3)学生使用不同方法计算的情况统计:

| 具体方法 | 案例 | 所占比例 |
|---|---|---|
| ①直接口算 | $11.5 \div 5 = 2.3$(元) | 50% |
| ②先利用"元角分"转化成整数,再进行口算 | $11.5$元$=115$(角)<br>$115 \div 5 = 23$(角)<br>$23$角$=2.3$元 | 33.7% |
| ③先利用倍数关系转化成整数,再进行笔算 | $115 \div 10 = 11.5$<br>$23 \div 10 = 2.3$<br>（竖式：$5 \overline{)115}$ 商 $23$，$10$，$15$，$15$，$0$） | 7% |

续　表

| 具体方法 | 案例 | 所占比例 |
|---|---|---|
| ④分拆后相除 | 11.5<br>↙　　↘<br>10元　1.5元<br>10元÷5=2元　　11÷5=2.2元　10÷5=2元<br>1.5元=15角　　0.5÷5=0.1元　1÷5=0.2元<br>15角÷5=3角　2.2+0.1=2.3元　0.5÷5=0.1元<br>2元+3角=2.3元　　　　　　　2+0.2+0.1=2.3元 | 45.3% |
| ⑤先除整数部分后转化余数 | 11÷5=2元……1元<br>1元=10角<br>10角+5角=15角<br>15÷5=3角<br>2元+3角=2.3元 | 2.3% |
| ⑥竖式计算(余数不转化) | 2.3<br>5)11.5<br>　10<br>　1.5<br>　1.5<br>　　0 | 22.1% |
| ⑦竖式计算(余数会转化为更小的计算单位) | 2.3<br>5)11.5<br>　10<br>　1.5<br>　1.5<br>　　0 | 48.8% |
| ⑧想乘算除 | 5×(2.3)=11.5(元) | 9.3% |
| ⑨除法意义的表征 | 11.5元<br>2.3 2.3 2.3 2.3 2.3 | 10.5% |

　　从上表中我们可以发现,学生在计算"11.5÷5"时有50%的人选择直接口算,即只写出结果,没有表示出计算过程。有一半学生优先选择口算解决这个新问题,说明他们对计算过程和算理理解关注较少,比较习惯程序化的计算。方法⑦竖式计算(余数会转化为更小的计算单位)占了48.8%,可见已有近一半学生会正确地用竖式计算,同时选择方法⑥竖式计算(余数不转化)的有22.1%,说明竖式计算已成为学生的计算自觉,但是对于小数除以整数有余数不够除时,要把余数转化为更小的计数单位再接着除,还是有一部分学生不清楚。会正确计算的学生中也存在着一定的算理不清的现象。选择方法④分拆后相除的学生有45.3%,说明这种方法是学生比较容易想到的解决办法,方法④与竖式计算有着密切联系,可见学生已有较好的基础

准备。需要指出的是,分拆后相除,学生有两种类型,一种是把 11.5 分拆成 10 和 1.5 分别 ÷4,还有一种是将 11.5 分拆成 11 和 0.5 进行相除。想到方法⑤先除整数部分后转化余数的学生比较少,只有 2.3%,这是竖式计算的原型,但是学生会这样想的比较少。因此,加强方法④和方法⑤的联系很有必要,强化"分的过程"和"余数的处理"是理解竖式计算的关键,如何利用方法④来促进竖式计算的算理理解值得我们思考。除此之外,选择方法⑧想乘算除和方法⑨除法意义的表征的学生都在 10% 左右,可见学生对过去在整数除法计算教学时强调的"想乘算除"和"除法的意义"有较深刻的印象。

问题 2:列竖式计算 4 道题。

(1)学生列竖式计算的情况统计:

| 问 题 | 案 例 | 所占比例 |
|---|---|---|
| ①96.8÷4＝ | A. 余数不转化 | 15.9% |
| | B. 余数会转化为更小的计算单位 | 78.4% |
| ②33.6÷4＝ | A. 余数不转化 | 27.3% |

续 表

| 问　题 | 案　例 | 所占比例 |
|---|---|---|
| ②33.6÷4＝ | B.余数会转化为更小的计算单位<br><br>②33.6÷4=8.4<br>　　　8.4<br>4／33.6<br>　　32<br>　　 16<br>　　 16<br>　　　 0 | 68.2% |
| ③27.32÷4＝ | A.余数不转化<br><br>③27.32÷4=6.83<br>　　　6.83<br>4／27.32<br>　　24<br>　　33<br>　　3.2<br>　　 1.2<br>　　 1.2<br>　　　 0 | 18.2% |
|  | B.余数会转化为更小的计算单位<br><br>③27.32÷4=6.83<br>　　　6.83<br>4／27.32<br>　　24<br>　　33<br>　　32<br>　　 12<br>　　 12<br>　　　0 | 67.0% |
| ④96.6÷42＝ | A.余数不转化<br><br>④96.6÷42=2.3<br>　　　2.3<br>42／96.6<br>　　84<br>　　12.6<br>　　12.6<br>　　　0 | 25.0% |
|  | B.余数会转化为更小的计算单位<br><br>④96.6÷42=2.3<br>　　　2.3<br>42／96.6<br>　　84<br>　　126<br>　　126<br>　　　0 | 61.4% |

从上表中可以发现,有 60% 以上的学生在课前已经会正确计算小数除以整数的笔算,在列竖式过程中发现有余数,会自觉把余数转化为更小的计数单位进行再除。特别是第①题,正确率最高,整数部分除以 4 已经能整除,当再进行小数部分除以 4 时,有 78.4% 的学生是直接用 $8÷4$,而不写成 $0.8÷4$。其他三道题能正确列竖式计算的差异不大,即使第③题,出现了小数部分有两位小数(一共要除 3 次),和第④题出现了除数是两位数这样一些较复杂的小数除法,也有 60% 多的学生可以正确列竖式计算。可见,大部分学生已经能正确列竖式计算"小数除以整数",能把余数转化为更小的计数单位进行再除的学生还是少数。同时需要强调的是,当小数部分多于一位小数时,这样去列竖式出现错误的概率很大,有很大一部分学生不能正确确定竖式过程中的小数点位置。这也为学生理解为什么在小数除法时,要把除不尽的余数转化为更小的计数单位后再除提供了对比条件。

(2)理解竖式计算过程的情况调查。

通过对能正确列竖式计算的学生进行抽样访谈发现,大部分学生是参照整数除法的计算方法来迁移运用的。当问及竖式中每个数的意义时,绝大部分学生停留在程序操作的表面理解上,缺乏对本质意义的理解。下面为针对第①题的访谈:

师:这个 16 是怎么来的?

生 1:16 是 96 减 80 得出来的。

师:这个 16 表示什么意思?

生 1:不知道。

师:$9-8=1$,为什么要变成 16?

生 2:6 落下来就变成了 16。

师:这个 8 是什么意思?

生 3:8 是上面落下来的。

①$96.8÷4=24.2$

$$
\begin{array}{r}
24.2 \\
4\overline{)96.8} \\
\underline{8\phantom{6.8}} \\
16\phantom{.8} \\
\underline{16\phantom{.8}} \\
8 \\
\underline{8} \\
0
\end{array}
$$

当然,也会有小部分学生能理解竖式各个数所表示的意思,但对于在竖式计算时小数点该怎么处理还是比较模糊。下面是针对第②题的访谈:

师:有人在竖式计算时是像这样保留着小数点进行计算的,你计算时为什么去掉小数点?

生 1:不知道。

师:有人在竖式计算时是像这样保留着小数点进行计算的,你是去掉小数点计算的,你觉得点上小数点也可以吗?

生 2:也可以。

师:有人在竖式计算时是像这样保留着小数点进行计算的,这里的小数点可以不点吗?

② 33.6÷4= 8.4

$$\begin{array}{r} 8.4 \\ 4\overline{)33.6} \\ \underline{32}\phantom{.} \\ 1.6 \\ \underline{1.6} \\ 0 \end{array}$$

生 3:不可以。

师:为什么?

生 3:不知道。

我们发现有大部分学生已经会正确使用竖式计算小数除以整数,那么这些学生是怎么理解"小数除以整数"与"整数除以整数"这两类除法的内在关联的呢?学生对算理的理解究竟在哪个水平?对此,我们也进行了抽样访谈,发现学生主要关注算法上的比较,能发现一些相同点,但很少触及算理,不能揭示本质上的共通点。具体访谈如下:

师:今天做的小数除法与以前学过的整数除法有什么相同点?

生 1:它们的算法是一样的。我们可以用商的变化规律,将被除数扩大,使小数除法变成整数除法。

师:你说的意思是小数除法可以转化为整数除法,这是它们的相同点,是吗?

生 1:是的。小数除法可以转化为整数除法。

师:其他还有什么相同点吗?

生 1:没有了。

师:今天做的小数除法与以前学过的整数除法有什么相同点?

生 2:小数除法和整数除法都是从最高位算起,除完有余数就和下一位合起来一起除。

师:它们的算法有相同点,都是从最高位算起,对吗?

生 2:对的。

师:还有吗?

生 2:每除一次,如果除不尽有余数的,就把下一位落下来合起来一起除。

师:你认为这个计算规则是一样的,对吗?

生 2:对。

师:你知道这样算的道理吗?

生 2:不知道。

师:还有吗?

生2：小数除法和整数除法在竖式中都不用小数点。

师：为什么小数除法竖式计算时不用小数点？

生2：不知道。

师：今天做的小数除法与以前学过的整数除法有什么相同点？

生3：小数除法和整数除法的竖式都要将数拆分开，如将321分成300＋20＋1，再分别除以除数。

师：都要按数位一级一级除，对吗？

生3：对的。就是这样意思。

师：你觉得在除的时候，是300除以除数，还是3个百除以除数？

生3：看上去是3，其实是300。

师：2呢？

生3：是20。

师：被除数是小数时，也是这样分拆的，是吗？

生3：是的。如果是34.5就是30＋4＋0.5。

师：竖式就是把这分拆后的数除以除数写下来，对吗？

生3：对的。

由此可见，学生对小数除以整数的算法理解还是具有较高水平的，能发现与整数除法具有很多关联。但是没有人提到小数除以整数的竖式计算是在记录"计数单位数量的等分"，这是竖式计算的本质，学生没有形成正确的认识。"不够除时，要把余数转化为更小的计数单位，合上这个计数单位的数量再继续除"，能这样理解的学生几乎没有，主要还是以"把下一位数落下来，再继续除"作为算理。因此，这应该是学生理解上的盲点，也是难点。

(二)教学实践

1.以问引学，初步构图。

师：11.5÷5等于几呢？你是怎么想的？

(教师呈现学生的作品)

① $11.5元=115角$
$115÷5=23角$
$23角=2.3元$

② $\begin{array}{r} 23 \\ 5\overline{)115} \\ \underline{10}\phantom{0} \\ 15 \\ \underline{15} \\ 0 \end{array}$　$11.5×10=115$
$23÷10=2.3$

③ $11÷5=2元……1元$
$1元=10角$
$10角+5角=15角$
$15÷5=3角$
$2元+3角=2.3元$

④ $\begin{array}{r} 2.3 \\ 5\overline{)11.5} \\ \underline{10}\phantom{0} \\ 1.5 \\ \underline{1.5} \\ 0 \end{array}$

⑤ $\begin{array}{r} 2.3 \\ 5\overline{)11.5} \\ \underline{10}\phantom{0} \\ 15 \\ \underline{15} \\ 0 \end{array}$

**2. 解释对比,理解规则**

生 1:我认为方法①很清楚,11.5 元＝115 角,115 角÷5＝23 角＝2.3 元。

师:其他同学同意吗?

生 2:方法②先把它转化为整数除法,再把商缩小。

师:同学们,方法②用的是我们数学中非常重要的思想方法——转化思想,把新知转化成旧知来解决。

生 3:方法③先把 11 平均分成 5 份,每份是 2 元,还余下 1 元。把剩下的 1 元化成 10 角,10 角＋5 角＝15 角,再把 15 角平均分成 5 份,15 角÷5＝3 角。2 元＋3 角＝2 元 3 角,2 元 3 角＝2.3 元。

师:大家知道他说的 1 元是指什么吗?

生 4:这个 1 元是余下来的。

师:这个 1 元为什么要转化成 10 角?

生 5:因为不够分了,把余下的 1 元化成 10 角,就可以和另外的 5 角合起来继续平均分。

师:这里有几次平均分的过程?

生 6:两次。第一次是 11 元平均分成 5 份,每份是 2 元,还剩余 1 元。第二次是把 1 元换成 10 角,加上另外的 5 角后再平均分成 5 份,每份是 3 角。

师:说得真好。其他的方法谁来解释?

生 7:方法④ 就是用竖式计算。

师:你能来给我们介绍一下吗?

生 8:先除以前两位,$11 \div 5 = 2$ 余 1。这个 1 是 1 元,还有一个 5 角,合起来就是 1.5 元,再用 $1.5 \div 5 = 0.3$。

师:大家能听懂吗? 这个 1.5 是什么意思?

生 9:剩下 1.5 元。

师:最后一种方法谁来讲? 这个 15 是怎么来的?

$$
\begin{array}{r}
2.3 \\
5\overline{\smash{\big)}\,11.5} \\
\underline{10} \\
15 \\
\underline{15} \\
0
\end{array}
\qquad
\begin{array}{r}
2.3 \\
5\overline{\smash{\big)}\,11.5} \\
\underline{10} \\
1.5 \\
\underline{1.5} \\
0
\end{array}
$$

生 10:11 元平均分成 5 份,每份是 2 元,还余下 1 元,这个 1 元就是 10 角,10 角 + 5 角 = 15 角。

3. 初步构图,强化规则

师:大家对这些方法是不是都看懂了? 仔细观察这些方法,它们之间有什么联系? 你会怎么构图?

(出示活动要求:①把你们小组的想法用构图的方式来表示;②构图的时候你可以直接填写序号)

(小组讨论,展示结构图)

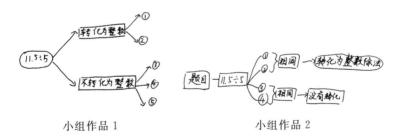

小组作品 1　　　　　　　　　小组作品 2

师:请你们来给大家介绍一下自己组的想法。

生 1:我们组认为第①种和第②种方法都是先转化为整数除法,再把商缩小。③④⑤都是不转化直接计算的。

师:谁听明白了?

生 2:他们的意思是方法①、方法②其实是一样的,都是先把小数除法转化成整数除法,再把商缩小。而其他三个方法没有这样转化。

师:有没有和他们不一样构图的?

生3:我们组也认为是可以分成两类,但是我们觉得方法②是对方法①的记录,方法④⑤这两个竖式是对方法③的记录。

师:有没有同学也是这样想的?

生4:我也是这么想的。方法④竖式的每一步和方法③的每一步都是一致的,都是先均分11元,余下1元。再把这个1元转化成10角,10角+5角合成15角,再平均分。方法⑤也是把这个过程进行记录,所不同的是,它是用1.5元来平均分成5份的。

师:这两个竖式就是在记录方法③均分的过程,对吗? 其实我们在整数除法竖式计算时就学过,竖式是对平均分过程的记录,它可以让人很方便地看出分的过程和结果。

师:那么,这两个竖式有什么不一样吗?

生5:一个把1元转化为10角,1个没有转化。

生6:一个是以0.1为计数单位,一个是以1为计数单位。

师:你觉得是转化好,还是不转化好?

生7:我觉得不用转化,$1.5÷5$能很清楚地看出是1元和5角在5等分。

生8:我喜欢$15÷5$,因为这样换成整数除法,方便。

师:他说转化为$15÷5$方便,还有谁也是这么想的?

生9:我也喜欢$15÷5$。如果是$1.5÷5$,那么如果后面还有小数部分,不是每次都要把这个小数写出来吗? 这样太麻烦了。

师:谁把他们的意思总结一下?

生10:他们的意思是,如果后面有多位小数,这样等分下去,每次都要写出小数除以5,这样会太麻烦。转化成整数÷5更简洁。所以列竖式计算时,一般是要转化计数单位再除。

师:怎么用构图来表示刚才大家的发现呢? 你会怎么改进?

生11:我觉得方法⑤可以放到方法④的后面,因为方法⑤进行了转化,把1.5转化成15再来除以5,而且这样算比较方便。

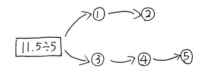

师:对,事实上小数除法列竖式计算时,人们都是像方法⑤这样计算的。那么请大家思考,第一种思路能得到方法⑤这样的竖式吗? 谁来写一写?

(学生板演,边板演边解说,小数点在最后点)

师:第二种思路也可以用方法⑤这样的竖式来表示,谁来写一写?

(学生板演,边板演边解说,小数点在整数部分除完后就点)

师:大家仔细看,刚才两位同学在做竖式计算时,有什么不一样? 你喜欢哪一种?

生1:写小数点的时机不一样。

生2:我喜欢第二种,方便。

生3:第一种算出得数后再去点,很麻烦,容易错。

师:虽然两种思路都是可以的,但是在竖式表达时,人们更喜欢第二种思路,因为这样列竖式更方便。你会了吗?

4.正图小结,深化规则

师:通过今天的学习,你能根据自己的收获来修改构图吗?

(学生构图)

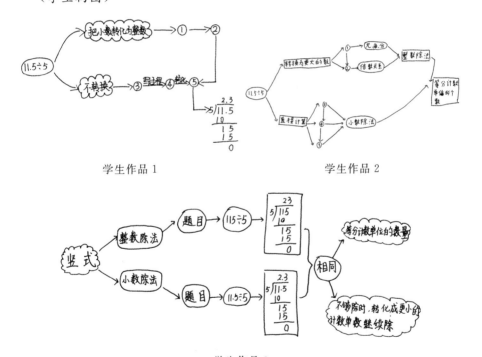

学生作品1　　　　　　　　　　　　　学生作品2

学生作品3

学生通过预学构建了概念图,使教师切实了解学生的各种"已知"、看不懂的"未知"、兴趣所在的"想知",然后用一系列高阶问题推动学生进行大胆思考,放手让学生在初学初步构图的基础上,通过比较、分析、讨论等方法进一步深化构图,在深度理解小数除以整数的算理的过程中真正内化了知识,形成了能力。

### (三)前后测对比分析

课后,我们对学生进行了后测,并做了前后测对比,分析后发现学生对这一知识的理解水平有了明显提升。前后测用的工具就是第二章介绍的"理解层次标准",我们给每个层级赋予了分值,以便更好地对比分析,详见表 4-1。

表 4-1  概念构图教学理解层次标准

| 理解水平 | 理解层次 | 内容要素 | 具体描述 | 赋分 |
|---|---|---|---|---|
| 0 | 无理解 | 无 | 无法对与学习内容相关的任何问题做出回应 | 0 分 |
| 1 | 经验性理解 | 概要、分类 | 结合已有知识储备去自主判断分析,自由概要,呈现不同类别的表征 | 1 分 |
| 2 | 衍生性理解 | 解释、比较 | 能解释不同形式的构图或表征,互相学习借鉴,能够判断原始的概念构图是否正确,会有补充和联想,形成多样的理解,会进行适当的比较,初步形成更丰富、更深入的认知 | 2 分 |
| 3 | 结构化理解 | 洞察、序化 | 明确知识之间的联系,能够将学习内容进行横向关联和纵向融通,修正充善概念构图,深化对知识的理解,形成系统的知识结构,收获科学的学习方法或路径 | 3 分 |
| 4 | 抽象性理解 | 应用、创造 | 借助修正好的、比较完善的概念构图进行迁移应用,把新的知识结构与原有知识结构,甚至未知的知识相联系,组成一个更高级、更有迁移性的认识结构 | 4 分 |

通过前后测数据的整理,我们发现,概念构图教学后学生表现出的算理理解水平有了明显的提升(从前测的平均分 2.0 分到了后测的平均分 3.3 分)。同时在后测中达到水平四,能抽象出计算的本质,会使用"基本算法"的学生达到了 26 人(占 59.1%),说明通过构图整理,不仅帮助学生厘清了算法间的关系,而且揭示了竖式计算的本质即是计数单位数量的等分过程。另外,还领悟到小数除法与整数除法在竖式计算时,本质上是一样的,可见这样以概念构图为手段的深度理解是有效的。有 8 人(占 18.2%)达到了水平三的结构化理解,能用自己的语言和构图来表达这些方法之间的内在关联,形成有结构的理解,能清晰地说出小数除以整数为什么可以这样操作。算理不清晰的学生在教学后有了明显改观,详见下表。

"小数除以整数"前后测对比情况统计

| 理解层次 | 内容要素 | 赋分/分 | 前测(平均分2.0) | | 后测(平均分3.3) | |
|---|---|---|---|---|---|---|
| | | | 人数/人 | 所占比例% | 人数/人 | 所占比例% |
| 无理解 | 无 | 0 | 1 | 2.3 | 0 | 0 |
| 经验性理解 | 会用自己的方法计算 | 1 | 13 | 29.5 | 2 | 4.5 |
| 衍生性理解 | 能解释其他方法 | 2 | 20 | 45.5 | 8 | 18.2 |
| 结构化理解 | 通过分类、关联建立方法间的联系 | 3 | 4 | 9.1 | 8 | 18.2 |
| 抽象性理解 | 明确竖式计算的算理,发现与整数除法的关系 | 4 | 6 | 13.6 | 26 | 59.1 |

## 课例 4-3:《小数乘整数》课例教学

(一)情境引入,聚焦问题

(1) 出示情境

笑笑一家人喜欢逛超市,他们都买了什么?

> 妈妈买了洗衣液,每瓶 20 元,买了 3 瓶。
> 笑笑买了钢笔,每支 2 元,买了 3 支。
> 妹妹买了橡皮,每块 0.2 元,买了 3 块。

(2)尝试计算

师:你知道他们分别花了多少钱吗? 你能列式计算吗?

生 1:妈妈花的钱是 $20×3=60$(元)。

生 2:笑笑花的钱是 $2×3=6$(元)。

生 3:妹妹花的钱是 $0.2×3=0.6$(元)。

(3)提出问题

师:确定 $0.2×3$ 的结果是 0.6 吗?

生:确定。

师:这是"小数乘法",我们还没有学呢! 为什么 $0.2×3=0.6$? 你能把自己的想法在纸上表示出来吗?

(学生第一次构图)

(二)多重表征,理解算理

1.呈现表征,观察论图

师:我们来看看同学们的想法。

(呈现学生概念图)

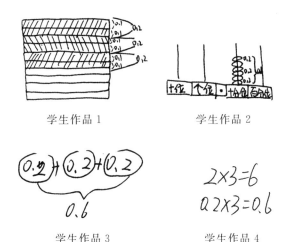

学生作品 1　　　　　　　学生作品 2

学生作品 3　　　　　　　学生作品 4

师:大家仔细看,你看懂了哪幅作品? 能帮大家说明白为什么 $0.2 \times 3 =$ 0.6 吗?

生 1:我看懂了第四幅作品。先算 $2 \times 3 = 6$,再添上小数点就好了。

师:你能解释为什么吗?

生 1:因为 $2 \times 3 = 6$,先看成 $2 \times 3$。前面有小数点,补上小数点后就是 0.6。

师:这个道理还说不清楚,那我们先来看看其他几种方法。谁愿意来分享一下你看懂了哪一种?

生 2:我看懂了第 1 幅作品。把一个正方形平均分成 10 份,1 份是 0.1。0.2 就是 2 份,有 3 组,就是 6 个 0.1 是 0.6。

生 3:我认为第 2 幅作品很容易明白。在计数器的十分位上,1 颗珠子表示 0.1,0.2 就是 2 颗珠子,有这样的 3 组,所以是 0.6。

生 4:我看懂了第 3 幅作品。$0.2 \times 3$ 表示 $0.2 + 0.2 + 0.2$,所以结果是 0.6。

师:现在再来看第 4 幅作品,你能看懂其中的道理吗? $2 \times 3 = 6$ 是在表示什么意思?

生1:我现在能解释了。2×3＝6表示2个0.1乘3等于6个0.1。

师:谁听懂了他的意思?

生5:这里的"2"是2个0.1,"6"是6个0.1,所以是0.6。

师:这里的2×3＝6是在计算谁的数量?

生6:0.1的数量。也就是在计算几个0.1.

师:看来你们是真的看懂第4幅作品了,它用2×3＝6在计算计数单位0.1的数量,也就是计数单位的数量。

2.比较方法,异中求同

师:通过刚才的交流,你觉得这些方法之间有什么联系吗?

生1:他们都是在计算3个0.2是多少。

师:是的,0.2×3就是表示3个0.2是多少。仔细观察,你觉得哪几种方法是类似的,哪一种方法有差别?

生2:我觉得第一种、第二种、第三种差不多。他们都是先表示出0.2,再表示出有3个0.2,得到0.6。

生3:我觉得第四种方法有些不一样,它是用2×3＝6来计算计数单位的个数。

追问:其他方法里有这个2×3＝6吗? 谁能上来给大家指一指、说一说?

生4:第一种方法里2个小长方形为一组,有3组。所以有2×3＝6,这个"6"是表示6个0.1。(边指边说)

生5:第二种方法里有2×3＝6,十分位上2颗珠子为一组,有3组。第三种也是有2×3＝6,0.2里有2个0.1,3组0.2相加就是3组2个0.1,一共是6个0.1。

师:这三种方法都找到了2×3＝6,为什么算出来是6,结果却是0.6呢?

生6:这个"6"是表示6个0.1`。

3.合作正图,建立关联

师:根据现在的理解,你觉得我们黑板上的这些方法可以怎么整理? 你能用构图的方式表示出来吗?

(小组讨论)

组1:我们觉得可以把这四种方法放在0.2×3＝0.6的周围,再连上线,表示小数乘法可以有这四种方法来帮助我们计算。

组2:我们觉得方法一、方法二、方法三可以放在一起,方法四单独放一边,因为方法一、方法二、方法三都是要用到方法四的 $2\times3=6$。

师:这两种构图你更喜欢哪一种?

生1:我喜欢第二种。因为它把这四种方法之间的关系也表示出来了,第四种方法其实是前面三种方法的一个概括。

师:其他同学同意吗?请把这个意思通过构图展示出来。

(学生第二次构图)

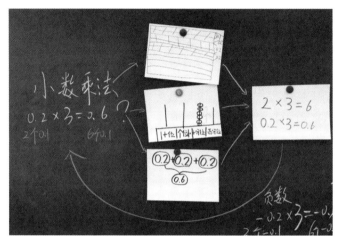

师:其他同学看得懂他的意思吗?

生:小数乘法 $0.2\times3$ 可以用这三种方法来解释为什么是 $0.6$,这些方法虽然形式不一样,其实都要算 $2\times3=6$,这个 $6$ 是表示计算单位的数量,算的是 $6$ 个 $0.1$,是 $0.6$。

(三)练习巩固,强化算法

(1)出示练习

| | | |
|---|---|---|
| $0.3\times3=$ | $200\times3=$ | $2\times0.03=$ |
| $0.4\times3=$ | $0.02\times3=$ | $0.01\times10=$ |
| $0.5\times3=$ | $0.4\times4=$ | $0.02\times6=$ |

师:下面根据大家的收获,来练一练这些题。

(学生独立完成9道口算)

(2)解释算法

师:你是怎么算的?谁能选择一道题给大家介绍一下?

生1:$0.3\times3=0.9$。我先算 $3\times3=9$,$9$ 是表示 $9$ 个 $0.1$,所以是 $0.9$。

生2:我选择 0.02×3,我先算 2×3＝6,这个 2 是表示 2 个 0.01,6 表示 6 个 0.01,所以是 0.06.

生3:0.4×3,我先算 4×3＝12,表示 12 个 0.1,满十要进一。

师:向哪一位进一?

生3:要向个位进一。

师:看来我们整数运算时的"满十进一"在小数乘法里同样适用。

(3)建成通法

师:你们算得又对又快,有什么窍门吗?

生1:小数乘以整数,可以先看成整数乘法,算出几个几。

生2:小数乘法可以转化为我们学过的表内乘法来计算,求出计算单位的数量,再写出得数。

师:这个算法和我们整数乘法的计算方法一样吗?

生3:一样的。比如 20×3,也是先算 2×3＝6,只是这个 6 是表示 6 个十。

生4:练习里的 200×3,我们先算 2×3＝6。这里的"2"是表示 2 个百,"6"是表示 6 个百,所以是 600。

师:这样的例子还有吗?

生:还有很多,但都是用同一种方法,转化成 2×3 来求出计数单位的个数。

提问:那么,其他我们没有学过的乘法也能算吗?请来举个例子说一说。

(思考片刻)

生5:可以的。比如分数乘法,$\frac{2}{7}×3＝\frac{6}{7}$。也可以看成 2×3,这时的"2"是表示 2 个 $\frac{1}{7}$,2×3＝6 是表示有 6 个 $\frac{1}{7}$,所以是 $\frac{6}{7}$。

师:真厉害! 我们没有学的分数乘法都会了! 还有吗?

生6:负数乘法。−0.2×3＝−0.6,可以看成 2×3,"2"是表示 2 个 −0.1,"6"是表示 6 个 −0.1,所以是 −0.6。

师:你们都可以解决五年级的分数乘法、初中的负数乘法了? 你发现了什么?

生7:其实道理是一样的。都是转化成整数乘法,算出一共有几个这样的计数单位。

（四）构图理解,系统建构

1.构图整理

师:接下来请大家回顾一下今天的学习,如果请你用构图的方式来表达你现在对乘法计算的理解,你会怎么构图?

（小组交流讨论）

师:下面以小组为单位,把大家的想法在白板上展示出来。

（小组合作第三次构图）

2.评价论图

师:已经完成的小组可以把你们的构图呈现出来。

（学生呈现概念构图）

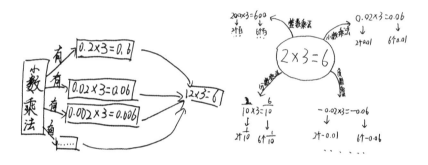

学生作品 1                              学生作品 2

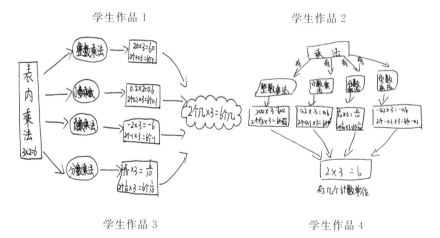

学生作品 3                              学生作品 4

师:谁来介绍一下你们的构图?

生1:我们组整理了小数乘法,不管是 $0.2×3$,还是 $0.02×3$, $0.002×3$,都可以转化为 $2×3$。

师:其他同学对第一组的介绍和构图有什么想说的?

生2:我觉得他们如果再补上这个"2×3＝6"其实是在计算计数单位的个数就更好了。

师:其他组的构图你们看懂了吗? 谁来评论一下?

生3:我觉得第二组的构图不够好,他们只是表示出了"2×3＝6"这样的乘法可以去解决整数乘法、小数乘法、分数乘法、负数乘法而已,并没有把它们之间的关系表示出来。

生4:第三组和第四组就把它们的关系表示出来了,这些乘法计算其实都是在计算2个几×3＝6个几,也就是在计算有几个计数单位。

师:听了刚才同学们的评论,你觉得哪些地方值得你学习? 自己的小组的构图还有没有需要修改的? 我们下课后可以再修改再完善。

(五)课堂小结,延续思维

师:大家回顾一下今天的课,你觉得今天的课给你印象最深的是什么?

生1:今天的课都是让我们自己思考、发现的。

生2:今天的课让我们感受到知识是有联系的。

生3:乘法其实都是在算计数单位的个数。

师:你觉得今天这堂课对你以后的学习有什么帮助? 以后你会怎么学习?

生4:我觉得我们以后学知识要学会寻找联系,找到联系就可以学会更多知识。

生5:形式可能不一样,但道理是相同的。理解了道理,学习就不会觉得累了。

生6:其他内容的学习是不是也可以用今天这样的方式去学呢?

【评析】我们在实践这节课时,也进行了前后测分析,以此来检测概念构图教学对数学理解的有效性。我们以理解层次标准为依据,设计了问卷进行调查。我们通过前后测数据的整理发现(见表4-4),学生对"小数乘整数"的算理理解水平有了明显的提升,从原来平均分2.1提高到了平均分3.1。特别是在后测中达到水平四的学生达到了21人(占48.8%),另有11.6%的学生能建立起这些方法之间的内在关联,通过概念构图来理清关系,都会用表内乘法来计算计数单位的个数,说明概念构图对于理解算法、建立关联、概括本质有着明显的效果。通过这堂课的学习,大部分学生理解了算理,掌握了算法。

表 4-1 "小数乘整数"前后测对比情况统计(总人数 43 人)

| 理解层次 | 内容要素 | 赋分/分 | 前测(平均分2.1) | | 后测(平均分3.1) | |
|---|---|---|---|---|---|---|
| | | | 人数/分 | 所占比例/% | 人数/人 | 所占比例/% |
| 无理解 | 无 | 0 | 0 | 0 | 0 | 0 |
| 经验性理解 | 画图解释结果的合理性 | 1 | 2 人 | 4.7 | 0 | 0 |
| 衍生性理解 | 联想并能解释其他方法 | 2 | 34 人 | 79.0 | 17 | 39.5 |
| 结构化理解 | 建立方法间的内在关联 | 3 | 7 人 | 16.3 | 5 | 11.7 |
| 抽象性理解 | 提炼出本质意义及基本算法 | 4 | 0 人 | 0 | 21 | 48.8 |

同时也需要指出,还有 17 人 (占 39.5%)在课后还停留在衍生性理解水平上,他们较难形成结构化理解或抽象性理解,说明要把多点理解建立成关联结构,或抽象出基本算理,对小学中年级的学生来说还是有一定难度的。因此我们在教学时,要特别重视以下两个环节:首先,理解不同方法的算理时要加强表象支持和表征互译,在操作、比较、概括中加深理解,切不可把个别学生的表达等同于众多学生的同化过程。这一阶段要加强解释、对比、联想,促使学生丰富表象、形成理解。其次,建立结构体系时,一定要加强逻辑性、层次性分析,可以通过"求同存异""合作交流""辨析修正"等活动来放慢构图过程,确保每个学生都能在思辨中参与,在碰撞中生成,在构图中提升。

只有把这两个过程落实到位、静思慢想,才能在概念构图中促使大部分学生实现深度理解。可见,在实施概念构图教学时,每个环节都要关注所有学生的参与和构想,要注重对经验的激活和关联,在变中寻不变,在改造中求深化。

# 第五章 基于概念构图的数学复习巩固课教学

数学复习巩固,是数学知识体系和思维方法的重要梳理、巩固和操练途径,是数学核心素养提升的重要途径。因此,小学阶段,数学复习巩固课的教学尤为重要。基于概念构图理论的数学复习巩固课的教学,教师通过利用概念图将一个单元,甚至一个学期、一个学年的数学知识内容组织在一起,帮助学生梳理知识体系间的联系,使认知结构更加体系化,从而完善自己的知识体系。那么,基于概念构图理论的数学复习巩固课的教学设计操作流程是什么? 其与一般的数学复习巩固课的教学设计有什么差异?

## 第一节 基本流程

数学复习巩固课概念构图教学的基本流程(见图 5-1),略微区别于其他数学概念构图教学基本流程,一方面在于学生活动、旧知学习进程、教师行为等三个方面的前两个环节突出强调了学生对旧知的构图、论图和学习等,以及教师对旧知复习的布图和诊图等;另一方面在于学生活动中的总结反思贯穿,以及教师行为中的复习引导贯穿。

由图 5-1 可知,数学复习巩固课概念构图教学的基本流程,是实施小学数学复习巩固课构图教学的总纲领。该基本流程,从学生活动、旧知复习进程、教师行为三个维度展开,可以准确针对各个主体的相应活动,明确各环

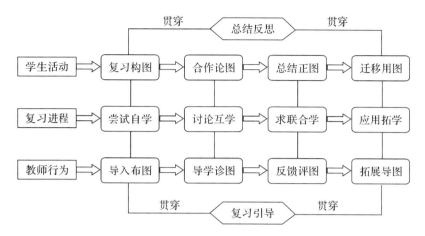

图 5-1　数学复习巩固课概念构图教学的基本流程

节进程。教师引导学生进行已学数学概念的布图，即让学生在尝试自学过程中完成构图，学生在讨论互学环节完成论图，再由教师诊图，从而能够在合学过程中求联评图、帮助学生正图形成整体建构，最后在拓学环节，教师引导学生正确用图，迁移至实际问题或较复杂情景中应用。

# 第二节　典型课例

### 课例 5-1：《常见的量整理与复习》课例数学

为了更好地展示数学复习巩固课概念构图教学的基本流程，下面将选取北师大版六年级下册复习巩固课"常见的量"，来做教学案例展示。在展示具体案例之前，本节将先介绍学生的学习情况和课例内容等背景，再按照更加方便教研讨论的数学学习进程的四个环节来展开。

本案例是对"图形与测量"这个知识的全面复习，其中涉及长度、面积、体积等概念理解，还有单位名称、单位大小和进率这些知识。教师和学生一起用概念图进行"知识建模"，形象地展现了"图形与测量"这一部分知识的结构，把原来的概念从杂乱变为有序，把零散变成系统，一目了然的图示使学生很快就巩固了知识要点，从而使学生的记忆变得更加灵活、深刻、持久，进一步完善了学生解决这类问题的策略，提升了学生的思维水平。

（一）尝试自学

在复习巩固课正式开始之前，教师分析出教学理解重难点后，布置复习要求。此环节中，学生根据任务在已有知识体系下，构建概念图，从而展示已有的认知结构。

教师布图：教师可在课前布置学生进行复习（选择时间单位进行重点整理）。

学生构图：学生根据任务和已有知识，完成概念图建构。

第二天课始，教师请学生先安静思考，回顾小学阶段学习了哪些常见的量，引出第一次的总体构图（见下图）。

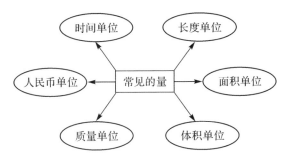

《常见的量》总体构图

（二）讨论互学

一个人的思维碰撞是有限的，当一个小组或一个班级之间的思维碰撞开始驱动时，就会发现个体思维间的明显差异，讨论是判定学生认知水平、学习中的困惑与矛盾之处的重要手段。这一环节主要开展小组讨论，学生通过互相指正与学习，探讨彼此构建的概念模型的不足之处，不断地修正、拓展和超越对知识的初理解。这个过程，能达到学生概念图完善、思维生长的目的，使学生不再从字面意思理解概念，而是通过沟通建构起概念之间的联系。

学生论图：利用课前对时间单位的知识结构整理图，开展小组讨论，通过互相指正与学习，探讨彼此构建的概念模型的优点与不足之处，思维碰撞，开发出新的思路，不断地修正、拓展和超越自己对知识的初理解。通过比较与学习对方的概念图，完善自己的概念图，从而引导学生有针对性地进行复习。

教师诊图：教师对学生的概念构图进行诊断，并与学生一起边补充完善边回顾旧知，整理时间构图，最后形成一份较为完整的时间构图（见下图）。让学生在整理的过程中学会先分类，然后进行有序整理，最后形成系统的数学思想方法。

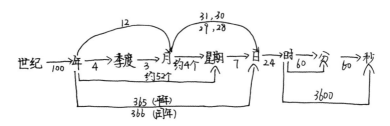

《常见的量》时间构图

（三）求联合学

该环节让学生通过小组合作的形式对各自的概念构图展开讨论，从构图的形式及思维内容两个角度出发，最终结合大家的意见对概念构图进行修正和完善，完成小组的作品。教师对作品进行最终的评价分析与修正。通过合学，学生不再是简单地把各个概念做归结，对于概念之间的层级关系理解得更加透彻。思维从单向走向了多向，从散乱走向了系统，将各个单一的知识点组织成体系化的概念图。

教师评图：教师对作品进行最终的评价分析，对部分概念图中的疏漏进行指正。

学习任务：①在小组内交流自己修正后的成果；②以小组为单位，绘制概念图。

学生正图：通过小组合作的形式对原本概念图进行修正，借助时间单位的整理方法，举一反三，对长度单位、面积单位、体积单位（容积单位）进行整理。

1.知识构图

学生绘制构图—交流各种构图—教师选择其中一份构图讲评。

2.理解文本

理解长度、面积、体积（容积）的概念。复习统一单位的必要性、单位的区别和联系、单位之间的进率。

3.修改构图

学生在讲评的基础上再修改原先的构图。

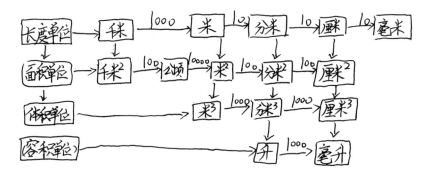

《常见的量》长度、面积、体积构图

（四）应用拓学

教师再次进行深层次讲解，引导学生用概念图拓展学习，应用到实例当中。学生可以借此整理自身的知识体系，将新获得的知识融入已有的知识框架，运用概念图这一有效的理解路径，促进知识和学习方法的迁移运用，达到应用概念图来解决问题的目标。

教师用图：教师再次进行深层次讲解，示范如何将概念图应用于实例当中，引导学生用图拓展学习。甚至将单一学科与其他学科相结合，进行知识的迁移运用。

学生用图：运用构图开展问题解决，既巩固相关知识，又强化联系与区别。运用图中的关联，迁移到新的问题解决或跨领域的学习中。

教师要出示一些练习作业，让学生利用修正或新绘制的知识图式，把复习的知识点或习得的新知识加以巩固运用。在完成作业的过程中可以对学习进行反思与评价，及时了解自己学习的状况，发现学习中存在的问题，增强学习的自信心，提高对学习活动的自我意识和自我控制能力。

（五）课后反思

在数学教学中，复习巩固课运用概念构图教学较多，因为概念图能呈现概念间的联结关系，可以帮助学生组织、整理、记忆和联结所学知识的组织结构。数学复习巩固课就是以巩固梳理已学知识、技能为主要任务，并促进知识的系统化，从而提高学生解决实际问题的能力。因此，运用概念图可以帮助学生准确地把握数学知识的纵横关系，理清知识的脉络结构，从而形成有条理的、系统化的知识结构。

在传统的复习巩固课中,教师在上课开始习惯提问:"请同学们回忆一下,这一单元我们学习了哪些知识?"学生粗略、简单地说出了本单元的内容。这样,学生临时想起的知识是零碎的,缺少对该单元知识的整体回顾与梳理。而课前预先构建的概念图,能非常明显地凸显出"自主预习""系统整理""整体把握"的优势,并且在这一构图过程中,学生经历了回忆、巩固、复习的过程。这是传统复习巩固教学无法比拟的地方。①

通过以上教学案例我们可以看到,在尝试自学环节,教师分析出教学重难点后布置复习要求,并让学生根据已有知识体系对时间单位进行重点整理,展示已有认知,从而使教师更好地确定学生复习起点,并采取有效的教学措施。

在讨论互学这个过程中,学生利用课前对时间单位的知识结构整理图,开展小组讨论,探讨彼此构建的概念模型的优点与不足之处,进行思维碰撞,开发新的思路,不断修正、拓展和超越自己对旧知的理解,从而有针对性地进行复习。教师在此过程中也起到一个诊断、引导的作用,帮助学生厘清构建思路。

求联合学过程蕴含着重构。在此过程中,学生通过小组合作的形式修正原概念图,借助时间单位的整理方法,举一反三,对长度单位、面积单位、体积单位进行整理,不断巩固搭建概念构图的方法,实现知识的关联与生长,从而不断加深对《常见的量》的相关概念的认知。

应用拓学过程即是基于以上三个环节对时间、长度、面积、体积等量的知识的构建,对概念构图进行深层次讲解并进一步拓展运用。学生借此再度整理自身的知识体系,将新获得的知识融入已有的知识框架,促进知识和学习方法的迁移,达到应用概念图来解决实际问题的目标。此外,学生可以在利用概念构图进行训练的过程中,不断加强对自我学习的反思评价,及时了解自己的学习状况,发现学习中存在的问题,提高对学习活动的自我意识与自我控制能力。

从尝试自学、讨论互学再到求联合学、应用拓学,学生对"常见的量"的认知从原先的模糊、错误到后来的清晰、准确,从原先的简单、散乱到后来的多样、系统,从原先仅仅理解了知识表面到最后明确了概念本质,学生在不断建构并最终运用概念构图的过程中获得了疑难的释然、思维的生长、认知的升级。

数学的神秘之处便是数形结合的独特之处,用数学思维来理解,那么它

---

① 陈侃侃.概念构图策略在数学复习巩固课中的应用[J].小学教学参考,2008(35):10-11.

的构造别有一番特点。学生在论证充分条件与必要条件,解决新问题或者推导某个问题时,通过运用概念构图的方法来达到快速解决问题的目的,从而更好地实现拓学的效果。这种数形结合的方法使学生能更好地理解与运用所学知识,将这些概念连接成一个完整的知识体系并加以熟练运用。学生也从中感受到了学习的快乐,对数学有了更深刻的体悟。在本案例中,时间、长度、体积等都是较为抽象的量,而将其用具象化的图表联系在一起,则更能使学生直观地理解它们之间的联系与区别,从而能更好地培养学生的逻辑思维能力。

综上,在数学复习巩固课的教学探究中运用概念构图有以下三个建议可供参考:①运用概念图复习概念。学生把在本单元学习的所有概念都以概念图的形式展示出来,教师可依据概念图检测学生对概念的掌握情况,学生也可运用概念图做自我检测,以便及时查漏补缺。如针对上述概念图,学生可以自问:"我已掌握了哪些概念?""哪些概念容易混淆?""相似概念之间的关系怎样?"通过这样的自查自问,在教师的引导中,学生就可有的放矢地听讲、提问,达到更好的复习效果。②运用概念图理清概念之间的关系。根据概念图中的层级排列,不同概念之间的关系一目了然。原本一些难以区分的相似概念,如"方程""解方程""方程的解"等,教师就可以运用概念图,引导学生比较、辨别异同,从而抓住概念的本质特征。③运用概念图举例。对概念图中的不同概念进行举例,能使学生进一步理解概念,理清概念间的关系。如在比较"方程""解方程""方程的解"之后,可让每个学生举一个方程,再解方程,然后说说方程的解。这样,三个易混淆的概念得以进一步明确。①

### 课例 5-2:《运算律的整理与复习》课例教学

为了进一步展示数学复习巩固课概念构图教学的基本流程,下面将选取北师大版四年级下册第三单元的复习巩固课《运算律的整理与复习》做教学案例展示。在展示具体案例之前,先介绍一下学生的学习情况和课例内容等背景,再按照数学学习进程的四个环节来展开。

本单元中的 5 条运算律在数学中具有重要地位和作用,对数学教学有

---

① 陈侃侃.概念构图策略在数学复习巩固课中的应用[J].小学教学参考,2008(35):10-11.

着重要意义和作用。因此,要着力引导学生将运算律的学习与简便运算应用及解决现实生活的实际问题结合起来,关注方法的灵活性。

(一)尝试自学

在运算律的复习中,深度理解至少表现为两个方面:一是准确理解各运算律的本质意义;二是理清它们之间的内在关联。实现了深度理解,即可减轻学生的记忆负担,有助于知识的灵活迁移和应用。

由于运算律数量较多、形式相近、意义抽象等诸多因素,学生实现深度理解会有一定困难。因此在整理与复习时,学生容易在形式上模仿和重复,再加上数学思维又具有内隐性,有效促进学生认知发展有很大难度。为了解决这个问题,我们利用概念构图把抽象的、隐性的内在关联予以跨时空的形象再现,再引导学生去观察、分析、比较、推理、归纳,使学习内容动态化、具体化、结构化,使思维活动直观化、可视化、深度化,使抽象的运算定律变得具体、形象,形成深度关联。概念构图既可表征思维成果,也可呈现思维过程,有助于学生获得可迁移的概念性理解。

(二)讨论互学

师:我们已经学习了运算定律,哪位同学给大家来展示一下你在课前的整理?

(呈现学生的初构图)

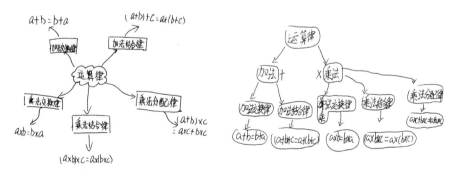

师:大家看得懂吗?来给大家解释一下。(学生解释略)

学生脑中的初始图有两种,第一种是无序的、发散的;第二种分成两类,加法一类,乘法一类。这还是属于低阶思维,分类的依据仍停留在运算类别上,没有真正懂得运算律的意义。初构图清晰地呈现了学生的认知状态,为后续更深层次的梳理与建构做好了准备。

（三）求联合学

该环节让学生通过小组合作的形式展开讨论,从构图的形式及思维内容两个角度出发,最终结合组员的意见对概念构图进行修正和完善,完成小组作品。师生对作品进行最终的评价、分析与修正。通过合学,学生不再是简单地把各个概念进行归结,对概念之间的层级关系理解得更加透彻,思维从单向走向了多向,从散乱走向了系统,将各个单一的知识点形成了有内在关联的概念图。

1. 问题导学,呈现理解

师:这些运算律你是怎么理解的? 选择一个你喜欢的来解释一下,把你的想法写在作业纸上。

（学生独立思考）

2. 反馈交流,加深理解

（1）理解加法交换律

师:哪位同学来解释一下加法交换律? 你是怎么理解的?

生1:我选的是加法交换律。4+2等于6,反过来,2+4也等于6,所以2+4=4+2。

师:谁听懂她的意思了?

生2:4个苹果+2个橘子可以交换位置,变成2个橘子+4个苹果,结果是一样的。

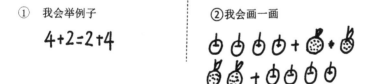

1、我是这样理解（**加法交换**律的。

① 我会举例子
$$4+2=2+4$$

②我会画一画

师:如果只用一幅图能不能说清楚?

生2:不行。

生3:我觉得可以。顺数就是先数苹果有4个,再接着数橘子就是5、6;倒数就是先数橘子有2个,再接着数苹果3、4、5、6。

师:不管是两幅图还是一幅图,都能说明加法交换律。还有谁是这样理解加法交换律的?

生4:我是这样画的。可以先数黑色的5块,再数白色的8块,也可以先数白色的 8 块,再数黑色的 5 块,结果都是 13 块,所以 5+8=8+5。

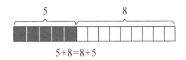

5+8=8+5

师:谈谈你现在对加法交换律的理解。

生 5:加法交换律是数的顺序发生了变化但结果不变。

生 6:表面上交换了加数的位置,其实是数的顺序变了。

通过图示可以呈现出学生在理解上的缺陷,即学生对加法交换律的理解仅指交换了位置,认为一定要有看得见的交换才是交换律。通过两幅图与一幅图的对比交流,打通了交换的表象和本质之间的联系,表面上是交换了加数的位置,本质上是数的顺序发生了变化。从实物图到方格图,学生的抽象思维不断提升:数的过程不同,但结果相同,这样就架起了"自然数的加法"与"集合的概念"间的联系,过程如 5-2 所示。

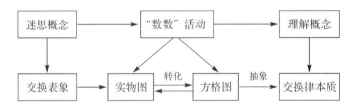

图 5-2 "自然数的加法"与"集合的概念"间的联系

(2)理解加法结合律

师:能不能也画这样的一幅图来解释加法结合律?

生 1:可以用格子图。先数白色和灰色的方格数,再数黑色的方格数;也可以先数灰色和黑色的方格数,再数白色的方格数。

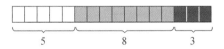

5　　8　　3

师:按照你刚才数的顺序,算式应该怎么写?

生 1:5+8+3=8+3+5。

师:你发现了什么?

生 2:我发现加数交换了位置,这是加法交换律。

师:如果我们不改变加数的位置,你有什么好办法?

生 3:添小括号。算式是(5+8)+3=5+(8+3)。

生 4:添上小括号,也可以表示数的顺序发生了改变。

师：现在请大家静静地思考一下，加法结合律和加法交换律之间有没有联系？

生5：加法交换律和加法结合律都是数的顺序变了。一个是通过交换位置，一个是通过加括号。

这个环节主要是让学生建立加法结合律和加法交换律的联系。怎么才能建立联系呢？学生在经历图示表征、语言表征、符号表征的过程中，真正实现理解、内化，明白加括号和改变数字的位置其实都是为了改变数的顺序，自然而然地和加法交换律建立起了联系，过程如图5-3所示。

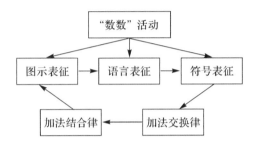

图5-3 加法结合律和加法交换律的联系

（3）理解乘法交换律、乘法结合律

师：请你带着刚才的学习体验，先独立思考如何理解其他三个运算律，用图表示出来，在小组分享你的理解。

组1：我们组画的是格子图，其实乘法交换律也可以数。先数一行有4个，有3行，就是数3个"4"；也可以先数一列有3个，有4列，就是4个"3"，所以$4 \times 3 = 3 \times 4$。

生：我发现乘法交换律也是数的顺序发生了变化，结果不变。

组1：我们发现乘法结合律也可以用图来解释。先数正面有几个，用算式是$3 \times 4$，再数数有这样的2排，应该是$3 \times 4 \times 2$；也可以先数底层是$4 \times 2$，有3层，$4 \times 2 \times 3$。如果不改变乘数的位置，可以加小括号，所以是$(3 \times 4) \times 2 = 3 \times (4 \times 2)$。

师：乘法交换律、乘法结合律有联系吗？

生：乘法交换律和乘法结合律也在数数，乘法交换律是先数每行几个，再数有几行，与求面积有关；乘法结合律是在此基础上增加这样的几面，与求体积有关。所以我们认为乘法结合律是乘法交换律的扩充。

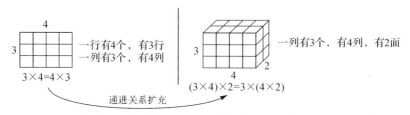

【评析】有了加法运算律联结关系的探索经验,学习乘法运算律间的关系时学生自然而然地想到借助方格图"数"。这个环节的设计有效地发展了学生的分析、归纳、综合能力,提升了学生的逻辑思维,顺利实现了三个迁移:数数活动的迁移、图示表征策略的迁移、联结学习方法的迁移。

(4)理解乘法分配律

师:数一数,这里一共有多少方格?

生:可以先数阴影部分:一行有 4 格,有 2 行,表示 2 个"4"。再数空白部分:有 3 行,表示 3 个"4"。合起来是 5 个 4。也可以数出一列有 5 格,有这样的 4 列,表示 5 个"4"。因此,$(2+3) \times 4 = 2 \times 4 + 3 \times 4$。

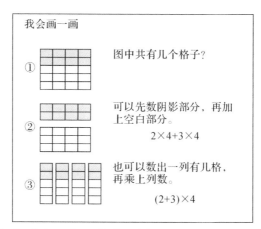

师:数的过程和刚才几个运算律一样吗?

生:不一样,刚才的运算律都是接着数,乘法分配律是先分出来,再接着数。

【评析】乘法分配律历来是复习中的重点和难点。前面的运算律仅仅是同一种运算,而乘法分配律涉及加法和乘法两种运算。通过图示表征,激发了学生的创造性思维,想出利用格子图的分合来表示乘法分配律,化抽象为直观,让思维可视化。过程如图 5-3 所示。

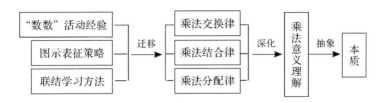

图 5-3　乘法分配律的迁移、深化和抽象

### (四)应用拓学

教师再次进行深层次讲解,引导学生用概念构图拓展学习,应用到实例当中。学生可以借此整理自身的知识体系,将新获得的知识融入已有的知识框架,运用概念图这一有效的理解路径,促进知识和学习方法的迁移运用,达到应用概念图来解决问题的目标。

师:今天我们用这些格子图帮助我们对 5 个运算律有了进一步的理解。现在你能带着新的理解重新给这 5 个运算律构图吗?

(学生独立思考,然后自主构图)

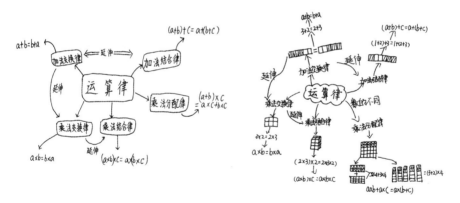

生 1:我还是和原来一样,把运算律分成了 5 类,只是通过今天的学习我明白了运算律间是有关系的。加法结合律是加法交换律的延伸,乘法结合律是乘法交换律的延伸。我还觉得乘法交换律也是加法交换律的延伸。

生 2:我觉得运算律一开始是有了加法交换律,加法交换律递进到加法结合律、乘法交换律,乘法交换律又递进到乘法结合律,它们之间是有这样的层级关系的。乘法分配律单独一类,因为它和其他的不一样。

师:关于这些同学的概念图,你有什么想说、想问的吗?

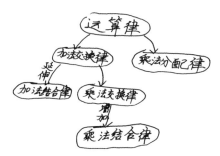

【评析】学生概念重构图的展示，凸显了概念建构的"知识链"与"思维链"。他们手握运算律的概念重构图，有针对性地展示进一步的学习成果，清晰呈现学习过程和知识结构。凭借论图的过程，促进主体参与、深度思考，就像学生说的，从数数想到了运算，从运算想到了运算律，这种追根溯源的构图表征，正体现了思维的生长性。

（五）课后反思

总之，复习运算律的意图是让学生脑中不只是知识的重复和分类，而是能感悟运算律的本质，沟通各个运算律之间的联系与区别，以便实现进一步的迁移和运用。在经历这样一个"思辨—交流—领悟—提升"的过程后，把重构的图与最开始的概念图做对比，学生的理解在加深，也自然而然会思考：为什么减法、除法没有交换律和结合律？因为减法和除法不是累加的过程，或者说没有"接着数"这个本质属性。

概念构图让学生经历了"直观地看""形象地画""出声地想"等可视化思维活动，以最直观的语言、最简洁的呈现、最简练的方式，把看不见的思维活动清晰地呈现出来，让理解可视化、认知结构化。由此，学生对运算律的理解也由浅入深，由零碎变成整体，有逻辑地建构起了运算律的"知识链"与"思维链"，体会到学习数学的乐趣和价值。

# 第六章 基于概念构图的数学问题解决课教学

数学问题解决,是数学知识体系和思维方法的重要应用途径,是数学核心素养融会贯通的重要途径。因此,小学阶段数学问题解决课的教学,也尤为重要。基于概念构图理论的数学问题解决课的教学,教师利用概念图将数学问题解决教学中的数学知识内容组织在一起,帮助学生梳理数学问题解决中的问题与知识联系,优化指向应用的认知结构,从而进一步完善学生的知识体系。那么基于概念构图理论的数学问题解决课的教学设计操作流程是什么? 其与一般的数学问题解决教学设计有什么样的差异呢?

## 第一节 基本流程

数学问题解决课概念构图教学的基本流程,略微区别于数学概念构图教学基本流程,一方面在于学生活动、问题解决进程、教师行为等三个方面的前两个环节上突出强调了学生对问题的构图、对策论图和学习等,以及教师对问题解决的布图和对策诊图等;另一方面在于学生活动中的问题反思贯穿,以及教师行为中的对策引导贯穿,如图 6-1 所示。

由图 6-1 可知,数学问题解决概念构图教学的基本流程,是实施小学数学问题解决构图教学的总纲领。该基本流程,从学生活动、问题解决进程、教师行为三个维度展开,可以准确针对各个主体的相应活动,明确各环节进

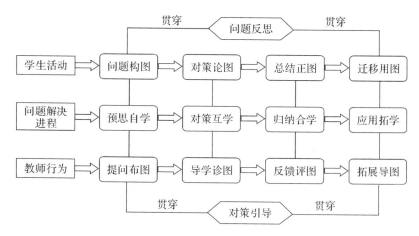

图 6-1　数学问题解决课概念构图教学的基本流程

程。教师引导学生进行问题中数学概念的布图,即让学生在问题预先思考过程中完成构图,学生在对策互学环节完成论图,再由教师诊图,从而能够在合学过程中评图、正图,最后在拓学环节引导学生正确用图。

# 第二节　典型课例

### 课例 6-1:《植树问题》课例教学

为了更好地展示数学问题解决课概念构图教学的基本流程,下面将选取《植树问题》一课来做教学案例展示。在具体案例展示之前,本节将先介绍学生的学习情况和课例内容等背景,再按照更加方便教研讨论的数学学习进程的四个环节来展开。

学生在此之前已经掌握了除法的运算,对"一一对应"的思想有一定程度的了解,并能用除法和简单的"一一对应"思想解决简单的实际问题。

为激活学生已有的学习经验,培养学生的提问能力,概念构图是非常好的工具。构图可唤起对知识和方法的回忆,读图可不断地比较、修正,是培养学生提问能力的沃土。基于对"概念构图"优势的认识,该案例中的教师在设计、执教《植树问题》一课的过程中做了如下尝试。

（一）预思自学

课程正式开始之前,教师分析出教学理解重难点后,出示练习题,激活学生"一一对应"的已有经验,为接下来建立系统的数学模型做铺垫。此环节中,学生完成教师发布的任务,对问题进行回答并归纳、总结规律,展示自己已有的认知结构。

1.出示情境

师:请大家仔细观察下面的图,你发现了什么?

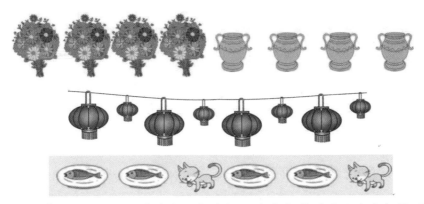

生1:有规律的。5朵花对应1个花瓶,1个大灯笼对应1个小灯笼,2条鱼对应1只猫。

师:发现它们的共同点了吗?

生2:都是什么对应着什么,刚刚好,没有多。

2.举例归纳

师:像刚才发现的(　　　)对应(　　　),生活中还有没有类似的情况?

（学生再举例）

师:这在数学上叫做"一一对应",我们解决问题时常会用到,接下来我们来解决两个问题。

（二）对策互学

这一环节主要开展解决问题的对策讨论,通过学生各抒己见并且互相指正与学习,来不断地修正、拓展和超越学生对知识的初理解。这个过程,能达到学生理解深入、思维生长的目的,使学生不再从感觉、表象上理解数学,而是通过沟通建构起了方法之间的联系,揭示了问题本质。

1.出示问题

> (1)花店有20朵百合花,每5朵放1个花瓶,可以放几个花瓶?
> (2)一段长20米的路,每5米种1棵树,要种几棵树?

2.反馈交流

(1)呈现学生作品

> $20÷5＝4$(个)
> $20÷5＝4$(棵)

追问:其他同学有没有什么不同意见?

生1:我有不同意见。第2小题应该是$20÷5+1＝5$(棵)。

开展讨论,相互分享"同意种4棵"和"同意种5棵"的观点,同时相互指正和学习,探讨彼此构建的概念模型的优点与不足之处,思维碰撞,开发出新的思路,不断地修正、拓展和超越自己对知识的初理解。

(2)思辨讨论

师:现在第二题有两种意见,你支持哪种? 你要拿出证据来说服大家。请大家在草稿纸上把你的想法表示出来。

生2:我同意4棵。每5米种1棵树,我通过画一画就发现了。

师:听懂他的意思了吗? 5米1棵,5米1棵……刚好4棵。(黑板演示)

师:如果用数字来表示,这一棵用数字几表示? 接下去呢? (师生标上1,2,3,4)。

追问:这种经验我们不陌生,我们有一个测量工具也适用这种经验,你知道是什么吗?

生3:尺子。尺子量长度时就是这样的。

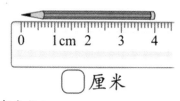

问:比如这支铅笔有多长?

生4:4厘米。

师:怎么看出来的?

生5:1厘米对应1条长刻度线。对应着4,就是有4厘米长。

师:你们的意思是这个问题和我们以前量长度的经验是一样的。很有道理。但是刚才有人说是 5 棵。为什么还会有 5 棵这个答案呢?

生 6:因为有可能是在开头也要种树。那么在原来的 4 棵的基础上,还要再加开头的这一棵。

(3)呈现画图

师:谁听懂了? 为什么要+1?

生 7:因为有可能开头也要种树,所以在 4 棵的基础上要加上开头这棵树。

追问:那 $20 \div 5 = 4$ 的这个"4"是什么意思?

生 8:有 4 段。

师:段数怎么能+1 棵呢?

生 9:因为前面说过,4 段就有对应 4 棵,这个"4"既是 4 段,也是 4 棵。4 棵树加上开头的那棵,就是 5 棵。

小结:"4"是有 4 段,每段对应 1 棵树,就有 4 棵树。+1 的"1"表示开头的那棵树。

3.建立模型

如果是 50 米长的路呢? 两头都种的话,要几棵树?

生 1:$10 + 1 = 11$(棵)。

追问:"10"是什么意思?"1"是什么意思?

生 2:"10"是 10 段,也是对应的"10"棵树。

生 3:"1"是开头那棵。

师:如果是 100 米呢?

生 4:$20 + 1 = 21$(棵)。

小结:你发现了什么?

生 5:两头都种树的话,棵数要比段数多 1(棵数=段数+1)。

生 6:因为段数有和它一一对应的棵数,再加开头的 1 棵。

(三)归纳合学

该环节让学生在班级内合作讨论构图,从构图的形式及思维内容两个角度出发,最终结合大家的意见,形成最终的概念构图。通过合学,学生不再是简单地把各个概念归结,而是对概念之间的层级关系理解得更加透彻。思维从单向走向了多向,从散乱走向了系统,形成了具有内在关联的结构图。

1.拓展建模

师:还有没有其他的情况呢?

生1:还有的。也可以是两头都不种,那样就要一1了。

师:谁听懂了? 两头都不种树,应该一2啊,怎么会一1呢?

生2:段数对应的棵数一1,因为最后这一棵也不种了。

生3:开头本来就没有,只要减最后一棵就行。

生4:一1减的是最后一棵树。

小结:谁来总结一下这个发现?

生5:两头不种树,棵数=段数一1,一1减的是最后一棵树。

2.比较分析

师:这三种解法有什么联系和区别? 你能用构图的方式来表示吗?

学生论图:学生开展全班性的自由讨论,通过构图的方式理解三种解法的联系与区别,并探讨彼此构建模型的不足之处,思维碰撞,开发出新的思路,不断地修正、拓展和超越自己对知识的初理解。

生1:我认为植树问题有三种情况,它们虽然棵数与段数之间的关系不一样,但它们的相同之处是都要先求出段数,都是依"一一对应"来处理棵数与段数的关系的。(展示作品)

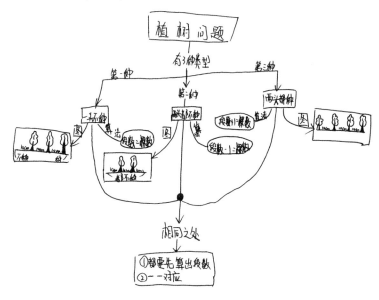

学生 1 作品

生2：我觉得"一一对应"是最重要的，它可以帮我们解决图形的规律问题，也能帮我们解决植树问题。植树问题有三种情况，各有不同的规律，但它们的相同点是都要先用除法来解决，先求出段数。（展示作品）

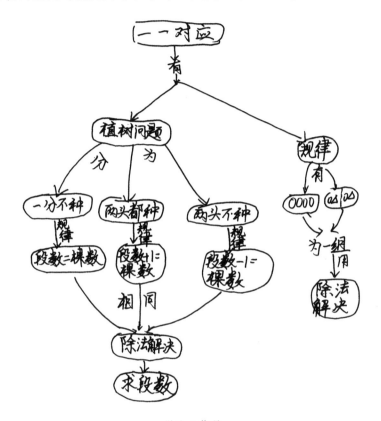

学生2作品

师：通过刚才同学的展示，大家有什么意见要发表？你对自己构图有什么补充？

生4：我赞同它们的相同点是都用除法求出段数，总数÷每份数＝份数。不同的是一种不用加1或减1，一种要加1或减1。

生5：我觉得不能说"一一对应"里有植树问题，而应该是植树问题里有"一一对应"和"不一一对应"。

生6：我觉得"一头种一头不种"和我们以前学过的除法问题是一样的，第一题是"花的束数"与"瓶的个数"一一对应，这种类型就是棵数与段数一一对应。

师：这是我们以前学的用除法解决问题，和"一头种一头不种"这一类型

一样吗？说说你的想法。（展示"用除法解决问题"的情景图）

"用除法解决问题"的情境图

生8：都和"一头种一头不种"是一样的。

生9：都是"一一对应"。

追问：那"两头都种"和"两头都不种"这两类呢？

生：不能一一对应。"两头都种"的棵数比"一一对应"的棵数多1，"两头都不种"的棵数比"一一对应"的棵数少1。

揭题：今天的这个数学问题很特殊，既包括了我们以前学过的类型，也有新的变化类型，这类问题我们称为"植树问题"。（板书）

（四）应用拓学

教师再次进行深层次讲解，引导学生用图拓展学习，应用到实例当中。学生可以借此整理自身的知识体系，将新获得的知识融入已有的知识框架，运用概念图这一有效的理解路径，促进知识和学习方法的迁移运用，达到应用概念图来解决问题的目标。

教师评图：教师引导学生根据方才的讨论对概念构图进行补充修改，对其作品做出最终的评价、分析。

学生正图：通过刚才的讨论，学生从中汲取概念构图的修改经验，开始对自己的构图进行适当调整。

生1：我现在认为以前学的除法都用了"一一对应"，植树问题也要依据"一一对应"，其中"一头种一头不种"的情况就是以前的除法问题，棵数＝段数。另外两种类型，要考虑商＋1和商－1，生活中也确实有这样的数学问题。（展示构图）

生2：我的想法和他差不多，我觉得植树问题就是两类，一类是"一一对应"，一类是"不一一对应"。"不一一对应"又分为两种情况，一种是两头都种，一种是两头都不种。但它们都要先求出段数。（展示构图）

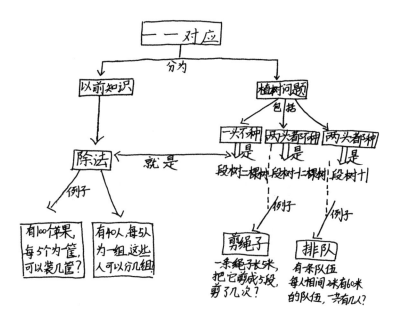

学生 1 作品

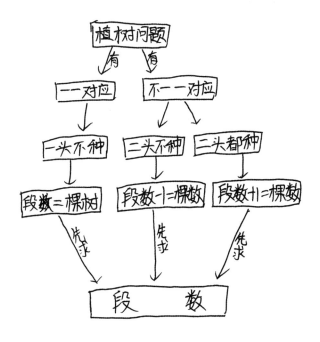

学生 2 作品

生3:我觉得植树问题的三种情况中,最重要的是"一头种一头不种",因为它和我们以前学过的问题是一样的,都是"一一对应",所以段数就是棵数。其他两种"不一一对应",是在"一一对应"的基础上考虑商+1或商-1。(展示构图)

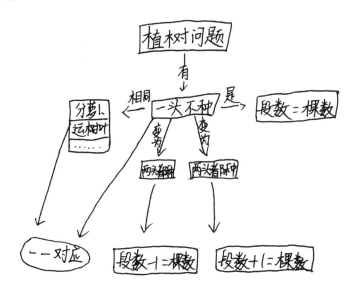

学生 3 作品

(五)课后反思

小学数学问题解决课的概念构图教学案例选择了"植树问题"。从该案例我们可以看出,在预思自学环节,教师出示练习题,激活学生对"一一对应"的已有经验,为接下来建立系统的数学模型做铺垫,同时引导学生展示出已有认知,从而使教师更好地确定学生学习起点,并采取有效的教学措施。

在对策互学环节中,教师再次出示"放百合花"的问题,引导学生表达各自意见并相互分享,开展思辨讨论,在此过程中不断举一反三,从"放花问题"到"植树问题"再到"测量问题",不断完善、巩固学生的解题思维,提升学生思维的活跃度。最后,教师再次回归到"植树问题",引导学生对以上各类问题的解题思路的共性进行归纳总结。

归纳合学过程蕴含着重构。在此过程中,教师承接上面的植树问题,再次询问学生是否还有其他的植树情况,在比较分析三种类型的解法中提炼联系与区别,并用概念构图的方式展示出来。此外,教师再引导学生通过对

"一一对应"和"一头种一头不种"的讨论,勾连旧知与新知,揭示"植树问题"。该过程通过师生总结,使学生进一步梳理所得,加深对所学内容本质的理解和深层次思考,从而将其纳入自己的认知结构,形成知识网络。

在应用拓学过程中,教师引导学生根据之前的讨论对概念构图进行补充修改,将新获得的知识融入已有的知识框架,促进知识和学习方法的迁移运用。

从预思自学、对策互学再到归纳合学、应用拓学,学生对"植树问题"的认知从原先的模糊、错误到后来的清晰、准确,从原先的简单、散乱到后来的多样、系统,从原先仅仅理解了知识表面到最后明确了概念本质,学生在不断建构并最终运用概念构图的过程中获得了疑难的释然、思维的生长、认知的升级。

在以往的课堂教学中,人们常把"植树问题"教学重点放在规律的发现和记忆上,而忽视了"一一对应"思想的感悟、新旧知识的关联以及结构化的理解。"植树问题"的模型并不是三个不同的类型,而是有共同的"源",即用包含除解决问题。包含除解决问题有两类情况,一类是:当商是整数时,要么能"一一对应",要么需要根据实际情况对商进行"+1"和"−1"的处理,这两种是变式;另一类是:当商不是整数而是有余数时,需要根据实际问题对余数进行"进一"或"去尾"的处理,如图 6-2 所示。

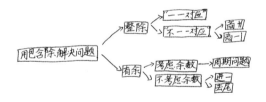

图 6-2　用包含除解决问题

由此可得,"植树问题"的首要任务是让学生建立起与除法意义的关联,打通新旧知识之间的联系,并把变式的情况在原有的除法体系里进行拓展,这样的结构化理解是值得我们在这一课里耗费心思的,因为这有助于学生的理解和应用,减轻他们的学习负担。

"一一对应"思想是重要的数学思想,本堂课的学习一定要凸显这一思想的价值。事实上,生活中充满着"一一对应",学生拥有丰富的经验基础。"植树问题"教学时先依托这一思想来帮助学生建立"一头种一头不种"的数学模型,这是轻松而又深刻的。在此基础上再来理解"商+1"加的是什么,

"商-1"减的是哪里,自然就水道渠成。

基于除法意义理解的结构化理解是顺其自然的,应用于生活中不同情境的问题解决也会清晰而准确。当学生形成了这样的结构化理解,他们会自觉地以"植树问题"的模型、结构来解决新问题。万变不离其宗,举一就可反三,理法相融。

总之,在小学数学教学问题解决课的探究中运用概念构图时,需要注意问题的设计和问题情境的展开。在问题设计方面,相关研究提出可从问题情境设计和问题串设计两方面入手:①问题情境的设计应结合实际生活,学生已有经验、故事,并重视问题情境的统一性。富有生活气息的问题情境可提升学生的熟悉感,提高其主动性,使问题解决效率得到提升;结合学生已有经验设计问题情境,可以使学生较快理解和掌握新教学内容;故事的创设可以引起学生兴趣,让学生自主积极地参与到问题讨论中,从而在讨论中掌握数学概念;情境的统一性可以更好地将学生的问题意识激发出来,使其解决问题有据可依。②在问题串设计时须遵循有梯度、有变化、有延展性和有概括性四个原则。问题串设计有梯度,可让学生由易到难逐步掌握数学概念,逐步推进其学习进程,实现对学生实践操作意识和能力的培养与提升;问题串的设计注重变化问题,使问题的多样性得到提升,使学生明白一个知识点可延伸到各种问题,最重要的是掌握如何解决问题的规律;小学数学知识间存在一定的相关性,适当地对问题进行延展性设计,可对学生的转化能力、推导能力及逻辑思维进行培养,使学生学习质量得到提升,实现高效数学课堂;概括性的问题可使学生轻松掌握课堂教学内容,提升学生数学学习能力,从而使学生充分掌握、理解和运用数学概念。①

### 课例 6-2:《用有余数除法解决问题》课例教学

本课内容是义务教育课程标准实验教科书三年级上册第 55 页例 4 及练习十三中的部分题,是在学生学了表内除法、用竖式计算除法、余数的意义后教学的,学生已经可以比较自如地解决用除法计算的简单实际问题,懂得了余数必须比除数小的道理,对于有余数除法的计算,包括口算、笔算,学生也有了能力上的储备。因此本堂课的一个重要目的就是让学生经历运用有余数除法的知识解决生活中的简单问题,加深学生对除法意义以及商和

---

① 沈利玲.基于问题设计的小学数学概念教学[J].教学与管理,2019(29):45-47.

余数所表示的意义的理解,学会根据实际情况对余数进行合理取舍和利用,特别是利用余数来解决周期问题。

另外,问题解决教学,是培养学生提出问题、分析问题、梳理和提炼信息能力的重要渠道,从学生自主提问的视角来设计教学,以突出对学生能力的培养。

(一)预思自学

1. 口算练习

| ①32÷8= | ②50÷8= | ③32÷5= | ④35÷4= |
|---|---|---|---|

师:我们一起来算一下这几道除法算式,会吗?

生:$32÷8=4$;$50÷8=6……2$;$32÷5=6……2$;$35÷4=8……3$。

师:大家发现没有,除法可以分成两类,哪两类?

生:一类有余数,一类没有余数。

师:对,没有余数的除法我们叫整除除法;有余数的除法我们叫有余除法(或带余除法)。这两类除法都是可以帮我们解决数学问题的。

2. 看式编题

师:下面我们来看一些信息(出示情境图),静静地思考一下,刚才这些除法可能在解决什么数学问题?

(学生独立思考后合作交流)

师:谁来分享一下你的想法?

生1:我觉得"$32÷8=4$"这道除法是在解决"把32个柿子装到盒子里,每盒装8个,能装几盒?"这个数学问题。

师:其他同学同意吗? 为什么?

生2:我也是这样想的。因为柿子有32个,每盒装8个,就是用$32÷8$来解决的。

师:谁能说说这个问题为什么是用$32÷8$来解决的?

生3:因为这个问题是在求32里有几个8,用除法计算。

师：说得真好。其他除法算式呢？

生4：50÷8＝6……2是在解决"把50个青苹果装到盒子里，每盒装8个，能装几盒？还剩几个？"

生5：32÷5＝6……2是在解决"把32个柿子平均分给5名小朋友，每人分到几个？还剩几个？"

生6：35÷4＝8……3是没有数学问题的。

师：你是怎么想的？

生6：信息里没有"4"，所以找不出解决的问题。

3. 理解意义

师：①和②都是除以8，这两题的单位该怎么写？（板书）

生：32÷8＝4（盒）

50÷8＝6（盒）……2（个）

师：能说说为什么吗？

生1：第①题的单位是盒，表示能装4盒。第②题的"6"表示可以分成6盒，2是多余的青苹果个数。

师：说得真好。第②题和第③题的结果都是6……2，一样吗？

生2：不一样。

师：为什么不一样？

生3：第②题是每盒8个，能装6盒，"2"是指还剩2个青苹果。第③题是平均分给5人，每人分到6个柿子，"2"是指还剩2个柿子。

生4：第②题的"6"是表示6盒，第③题的"6"是表示每人分到6个柿子。一个是表示份数，一个是表示每份数。

师：通过刚才的交流你有什么想说的吗？

生5：除法可以解决平均分成几份、求每份数的问题，也可以解决总数里有几个每份数的问题。

4. 学生编问题

师：第④题除法算式35÷4＝8……3，如果请你编一个数学问题，你会吗？

生1：有35把椅子，平均分成4组，每组是几把椅子？还剩几把椅子？

生2：有35把椅子，每堆放4把椅子，可以放几堆？还剩几把椅子？

（二）对策互学

这一环节主要开展问题解决的对策讨论,学生通过各抒己见并且互相指正与学习,来不断地修正、拓展和超越自己对知识的初理解。在这个过程中,能达到学生对策明晰、思维生长的目的,使学生进一步建构起问题之间的联系,发现对策的本质属性。

师:同学们编了一些数学问题,老师也带来了 3 个数学问题。请大家判断一下,它们是不是也可以用 $35 \div 4 = 8 \cdots\cdots 3$ 这道除法来解决?请大家在作业纸上写一写。

（出示问题）

---

①航模小组用 35 个车轮装赛车,最多能装几辆四轮赛车?

②每辆出租车可坐 4 名学生,有 35 名学生要去参加航模比赛,至少需要几辆出租车?

③赛车按红蓝蓝蓝红蓝蓝蓝红蓝蓝蓝…这样的顺序排列,第 35 辆车是什么颜色?

---

（学生独立完成作业）

（三）归纳合学

通过合学,学生不再是简单地把各个概念归结,对概念之间的层级关系理解得更加透彻。思维从单向走向了多向,从散乱走向了系统。

师:这三个数学问题是不是可以用这道除法来解决?

生 1:是的。

师:为什么它们都是 $35 \div 4 = $?

生 2:因为都求 35 里面有几个 4。

生 3:第 1 题是 4 个车轮一组,第 2 题是 4 个人一组,第 3 题是 4 个模型一组,都是求几组。

师:那么这三道题有什么不同呢?

生 4:它们解决问题的类型不一样。

师:能不能具体解释一下?

生 5:第①题 $35 \div 4 = 8$（辆）$\cdots\cdots 3$（个）,

答:最多能装 8 辆四驱赛车。

第②题 $35 \div 4 = 8$（小时）$\cdots\cdots 3$（人）,$8 + 1 = 9$（辆）,

答:至少需要 9 辆出租车。

第③题 $35÷4＝8$(组)……$3$(辆),即最后三辆是红、蓝、蓝,

答:第 35 辆车是蓝色的。

师:第①题、第②题都是用 $35÷4＝8$……$3$ 列式计算,为什么结果一个是 8 辆,一个是 9 辆?

生 6:第①题有多余的,但不能再装赛车,所以不能加 1。

师:你们的意思是有余,但多余的"不够装",所以不能把商加 1 了,对吗?

生 7:对的。"不够装"就不能加 1 了。第②题多余的 3 个人不能把他们丢下,还是要坐一辆车去的,所以要加 1。

师:谁听懂了为什么第②题要加 1?

生 8:因为多余的人不能丢下,还是要坐一辆车去。

师:哦,第②题余下的是"不能丢的人",所以要加 1。如果只是余 2 呢?

生 9:商也要加 1。

师:如果是余 1 呢?

生 9:商也要加 1。只要有余下的人,商就要加 1,因为不能丢下任何人。

师:看来,同样的除法算式,余数却有不同的用途。那么,请问第③题的余数有什么用呢?

生 10:第③题的余数是用来确认车是什么颜色的。

生 11:因为赛车是按"红蓝蓝蓝"这样的规律重复出现的,我们先求出有几组这样的规律。还余 3 辆车,按规律来排是红、蓝、蓝。所以,第 35 辆车是蓝色的。

师:谁听懂他的意思了?

生 12:因为是 4 辆车为一组,所以要除以 4,"8"是表示这样的有 8 组。余 3 的意思是重新开始数的第 3 辆车。

师:第③题和前面两题有什么不同?

生 13:第③题有余数,不用考虑商是不是要加 1,而是分辨余数分别代表什么。

师:要用余数来确定最后一个是什么颜色,你有什么好诀窍吗?

生 14:余几,就按规律从头数几个。如果余下 3,就是从头开始 3 辆车,所以是红车、蓝车、蓝车。

(四)总结反思

师:通过刚才的讨论,你现在知道这三道题有什么不同吗?

生 1：解决问题有余数时，有时商是要加 1 的，有时是不用加 1 的，关键看实际情况。

生 2：不够装、不够用时不用加 1，不能丢、不能少的时候要加 1。

生 3：解决有规律的问题时，余数代表按规律从头数几个。

师：说得真好！用有余数的除法解决问题时，要根据具体情况来处理余数。回顾一下我们今天的学习，你能把自己的收获用构图来整理一下吗？

（小组合作构图，小组 1 展示成果）

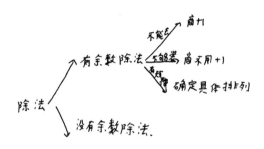

小组 1 成果

小组 1：我们把除法分为有余数除法和没有余数除法两类。用有余数除法解决问题时，会有不能丢、商要＋1，不够装、商不用＋1 的情况，还有解决有规律的问题，用余数来确定具体排列这样的情况。

（小组合作构图，小组 2 展示成果）

小组 2 成果

小组 2：我们认为用余数除法解决问题时，意义都是平均分，会出现求份数和求每份数两种情况。但余数会有不同的处理情况，有时要进 1，有时要去尾，有时要排序。

（小组合作构图，小组 3 展示成果）

小组 3：我们也认为用有余数除法解决问题有三种类型，商要＋1，商不用＋1，有规律的问题要用余数来确定最后是什么，但是这三种问题的意义是相同的，都是要进行平均分。

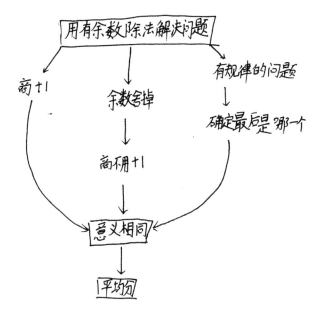

小组 3 成果

（五）应用拓学

教师再次进行深层次讲解,引导学生用图拓展学习,应用到实例当中。学生可以借此整理自身的知识体系,将新获得的知识融入已有的知识框架,运用概念图这一有效的理解路径,促进知识和学习方法的迁移运用,达到应用概念图来解决问题的目标。

1.出示问题

师:现在根据我们的收获,来看看日期里的数学问题。（投影出示）

（学生独立尝试）

2.交流反馈

师:大家来说一下,笑笑的生日是星期几?

生 1:星期三。

生 2：星期四。

生 3：星期二。

师：现在有不同的观点，你支持谁？ 想办法说服大家。

生 4：我支持星期四。我列了表，31 日是星期四（展示图）。

生 5：我用除法计算的。31÷7＝4(周)……3(天)。3 天分别是星期二、星期三、星期四。所以，笑笑的生日是星期四。

师：谁也是这么想的？ 能来说说是什么意思吗？

生 6：7 天一组的规律。31 里面有几个 7，用除法计算，有 4 周。还余下 3 天，周一再加 3 天就是周四。

生 7：31－1＝30（天），30÷7＝4（组）……2（天），余 2 天分别是：周三、周四。

生 8：31－5＝26（天），26÷7＝3（组）……5（天），余 5 天分别是：周日、周一、周二、周三、周四

师：这些算式都是÷7，每个 7 的意思一样吗？

生 9：一样的。都是一周 7 天。

生 10：不一样的。有些 7 天是代表周二、周三、周四、周五、周六、周日、周一，有些代表周三、周四、周五、周六、周日、周一、周二。代表的具体内容是不一样的。

师：这些方法有什么相同点？

生 11：都是把总天数除以 7 天，求出周期数，再利用余数来判断星期几。

师：不同的地方在哪儿？

生 12：它们所指周期包含的内容不同，所以余数也不同，余数代表的意义也不同。

# 第七章  研究结论、成效与展望

前文呈现了我们在小学数学概念构图教学中的理论探索与实践经验，建构了面向不同数学课型的概念构图的教学流程、教学模式与教学方法。这些经验与方法，既有助于小学数学育人价值的充分发挥，也为吴宁五小校园整体教育生态的建构起到了积极作用。通过将概念构图应用于小学数学教学，既在理论层面丰富完善了原有关于概念构图教学的探索，又在实践层面推动了高质量数学课堂的形成。本章基于吴宁五小的实践经验，分析数学概念构图教学的基本结论、具体成效，并就未来进一步深化研究的方向进行展望。

## 第一节  基本结论

基于概念教学的相关理论与吴宁五小的实践探索，结合数学学科的特性，本书在小学数学概念构图的育人价值、教学流程与教学设计等方面获得了以下基本结论。

### 一、小学数学概念构图的育人价值

数学学科是一门高度抽象的学科，它以符号、数字表达、揭示客观世界的规律。数学知识的学习既要求学生能够由具象到抽象，以逻辑思维把握这一过程的原理，还要求学生能够将知识与客观世界的情景相联系，将抽象化的知识应用于日常生活中。数学内部知识的逻辑性和数学知识与客观世界的符合性,使得数学知识表现为一种谱系式联结和蛛网式联结。由此,小学数学可以借助概念构图,通过图表等可视化手段将认知过程、思维过程显性化,以此提升学生对数学知识的深度理解,并学会自主建构数学知识的图式,形成数学思维。小学数学概念构图教学充分体现了学生主体性、结构延伸性、过程显性化、学习体系化的特点与优势。因而,小学数学概念构图教学具有如下育人价值。

（一）促进学生对数学知识的理解

通过图解的方式建构各数学知识点之间的关联,并将数学知识与客观世界联结,通过将数学知识的逻辑贯通与数学知识的应用相融合,构筑起内外自洽、逻辑贯通的数学知识体系,使得学生以整体的眼光,将新学的数学知识在较大范围内、与其他知识之间的联系与区别中去理解。一方面,概念构图将复杂的知识简单化,让学生参与知识网络的建构过程,通过直观的图式呈现关键概念,以有意义的联结构筑起各个概念、知识之间的关联,让学生对知识系统形成直观的整体性理解,学生通过逻辑思维与形象思维的结合,有助于提升理解数学知识的效率。另一方面,概念构图又将简单的知识复杂化。数学知识本身是一个整体性的知识网络,其合法性来自于各个知识点之间的融贯性。传统教学以单个知识点为主要目标,使得知识以浅层的、简单的方式呈现在学生面前,忽视了知识背后所隐藏或内蕴的知识网络。概念构图则以关联图式的方式将知识点进行联结,从而将一个概念、知识点放置于整体的视角来考察,在整体中定位各个知识点的意义与功能,有助于学生读透概念背后的内涵与原理,实现对数学知识的深度理解。

（二）为学生数学深度学习提供抓手

深度学习强调学习的充分广度、学习的充分深度和学习的充分关联度,注重学生精神发展的过程,以及通过学习的意义生成、深度理解、能力转化等[①]。小学数学概念构图强调学生通过图式自主建立可视化的知识结构,这一过程既是一个思维外化的过程,也是对知识本身内在关联度、深度与广度的理解过程。以概念图为载体,学生对数学知识的学习不再局限于某一个知识点,而是在知识的网络体系中定位其价值和意义,在各个数学知识之间、数学知识与现实生活之间建立起有意义的联结,充分彰显了学习的广

---

① 杨钦芬.教学的超越:教学意义的深度达成[M].福州:福建教育出版社,2019.

度、深度和关联度。通过概念构图对各个知识点的结构化、图式化联结,学生能够把握数学知识的整体性与逻辑性,由此不断接近数学知识产生的原理与过程,有助于学生理解数学知识的本质及其变式。基于学生对数学知识本质与变式的理解,学生能够灵活地将数学思维、数学知识进行迁移和运用,将数学知识转化为数学能力,将浅层理解转化为深度理解,数学知识真正成为学生生命的一部分,从而启发学生对数学知识进行个性化的意义建构。

(三)促进学生数学学科核心素养的养成

概念构图关注数学知识之间及数学知识与外部世界之间的顺序关系、层级关系,包括数学知识的产生过程。通过概念构图,建构起数学知识网络,学生形成对数学的深度、广度与关联度的把握,从而真正深入到数学概念的本质,并将其与现实生活建立关联,能够以数学的眼光观察现实。在此基础上,概念构图本身所体现的是一种整体化的、结构化的思维方式,结合数学所具有的抽象性、普遍性特点,有助于促进学生数学思维的养成。概念构图又以学生自主参与图式的建构为核心内容,使得学生真正理解数学概念的内涵及内在和外在的联系,从而有助于学生以数学的语言表达现实世界。

## 二、基于不同课型的数学概念构图教学流程

基于课堂教学的基本流程,结合概念构图的特征与育人价值,我们开发了概念构图教学的总流程,这一总流程成为小学数学概念构图教学的总纲领,从而在整体上引领小学数学概念构图教学的流程、设计与方法。在此基础上,我们针对数学的不同课型,探索出了针对新授课、练习课、复习课、讲评课的概念构图教学模式,从而切实结合不同课型的特点,进行小学数学概念构图教学。

(一)概念构图教学的总流程

概念构图教学以知识理解和教学内容育人价值的充分发挥为目标,以概念构图为工具,以师生交互生成为原则,其总流程可分为三大模块:学习进程、学生活动和教师行为。其中,学习进程是整个教学的核心,学生与教师根据学习进程开展相应的活动,师生活动都借助概念构图,形成了各部分环节的有机联动,推动整个教学的有效有序进行。其中,学习进程又可分为初学、互学、合学与拓学四大环节(见图7-1)。

在初学阶段,学生构图、教师布图,教师在钻研教材,分析教学理解重难点基础上,布置初学要求,学生通过自主初学构图;在互学阶段,学生论

图、教师诊图,教师展示、诊断初学构图,学生之间相互学习取长补短;在合学阶段,学生正图、教师评图,通过生生合作与师生合作,在原有构图的基础上不断完善,理清知识结构与脉络;在拓学阶段,学生用图、教师导图,这是课堂的最后一个环节,通过拓展学习来巩固所学知识,或者引导学生把知识点进行应用,或者延伸到课外。在整个教学过程中,学生的反思与教师的引导贯穿全过程。每个环节都会有一定程度的反思,反思原有的认知结构,反思图示的建构过程,反思学习方法和思维方式等,从而实现教学相长,不断生成。

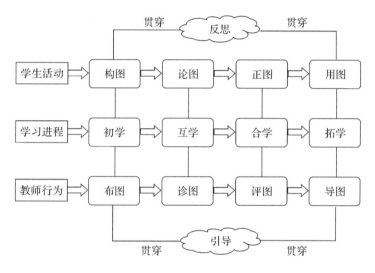

图 7-1 概念构图教学总流程

(二)针对不同课型的小学数学概念构图教学

不同类型的数学课堂教学,需要采用不同的教学流程,以适应教学内容的需要。我们从教学内容与教学功能的角度,对数学课堂进行类型的划分。从教学内容角度,将数学课堂分为概念课、规则课、计算课、问题解决课,从教学的功能角度,将数学课堂分为新授课、练习课、复习课、讲评课。通过长期的实践探索,我们针对这四种常见的数学课堂类型,即新授课、练习课、复习课与问题解决课形成了相应的概念教学流程。

### 三、基于不同内容的数学概念构图教学设计

教学设计是课堂教学有序推进、提升育人价值的重要环节。将概念构图引入小学数学教学设计中的概念构图,既是一种课堂教学的工具与载体,

也是一种思维方式。它要求师生都以整体、关联式的思维理解教学内容,全面把握教学内容的特性,以及教学内容与学生学情之间的关联性,由此学生、教师、教学内容三者形成相互联通、充满意义的有机整体。通过理论与实践探索,我们形成了小学数学概念构图教学设计的一般原则与操作方法,在此基础上形成了面向数学概念教学、数学规则教学等不同类型教学的教学设计模型。

(一)小学数学概念构图教学的设计的一般原则与操作方法

第一,深入分析学习内容,绘制知识概念图,凸显本节教学内容的重要性。学习内容的分析主要从三个方面进行:一是清晰地认识到本节内容的知识点及其相互间的关系;二是思考该节内容与学生之前所学知识点的联系;三是思考该节内容与学生之后将学知识点的联系。在内容分析过程中,教师充分运用概念构图清晰地明确各下位概念或要点间的关系,将各下位概念或要点按节的顺序排列,并用连线表明它们之间的逻辑关系。

第二,深入了解学生的认知基础和思维能力。通过学生在预学环节的自主构图,对学生的认知基础和思维能力做出准确的判定。

第三,制定课时教学目标。概念构图是一种教学方法,课堂教学目标的制定应把概念构图作为实现知识目标的条件,而不能把它作为终极目标。

在此基础上,我们形成了概念构图教学设计的操作方法,主要包括:根据内容和学情分析,多层次多维度地构建概念图;深刻反思教学图式,分层次确定最佳的概念图;整合教学资源,形成教学过程的概念图。

(二)基于概念构图理论的数学概念的教学设计

1.设计流程

基于对数学概念特性与小学生思维发展的特点,我们形成了数学概念教学设计的流程。

(1)课前初学,初步构图

通过设计课前任务单,引导学生自主构图。任务单根据概念的抽象程度,设计不同的概念构图的任务类型,如思维导图型任务、填空型任务、结构任务和无结构型任务。

(2)课中引学,完善概念图的构建

这是数学概念教学的中心环节。通过教师引导,在学生自主参与中完善课前自主建构的概念图。

2.构建概念图的方法

我们形成了构建概念图、形成概念域(系)的具体方法。

(1)互学论图

通过建立一个宽松、自由的情感场域,引发学生积极的思辨。通过学生之间的对话,实现学生间的视域融合,使其不断地修正、拓展和超越自己对知识的初理解。

(2)合学正图

学生基于自身已有知识结构和教师的助学推动,明晰新旧知识之间的内在关联,建构起知识网络,运用整体思维揭示知识的内在属性,从而完善认知建构。

(3)拓学用图

运用概念构图拓展学习,学生基于情境、问题主动学习,在持续的实践与活动、协作与交往中,检验自身的学习成效,逐渐增加学习的广度、深度、难度,提升应用意识。

(三)基于概念构图理论的规则教学的教学设计

通过对小学数学规则学习的特点与小学数学规则在教材分布的特点的分析,形成了基于概念图的数学规则的教学设计。

针对发展性(系统化)规则,形成了由"课前自学,初步构图"到"课中引学,探究规则"到"互学论图,辨析质疑",再到"修图整理,建立结构"的四大主要流程,如图 7-2 所示。

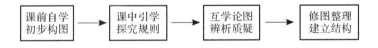

图 7-2　针对发展性规则的教学流程设计

针对新规则的教学,重心放在如何引导学生建构数学知识,因此教学模式如图 7-3 所示。

图 7-3　针对新规则教学的教学流程设计

# 第二节　研究成效

吴宁五小的实践证明，小学数学概念构图教学能够促进学生对数学概念的理解，有助于培养学生的数学思维和数学能力。通过课堂实践与日常评测，我们发现，基于概念构图的小学数学教学取得了如下成果。

## 一、学生数学能力提升

### （一）建构了认知结构

认知心理学认为，在课堂教学过程中，学生主要凭借已有的认知结构来完成对世界的知觉、理解和思考，并在对世界的知觉、理解和思考的过程中，不断丰富或重建自己的认知结构。概念构图教学就是借助概念构图这个显性的工具，通过课前、课中绘制构图，以概念图的方式呈现已有的认知结构。通过课中、课后阅读构图、修改构图、完善构图，将学生对数学的已有认知与新的认知建构起关联，从而帮助学生建构起自己的认知结构。

通过概念构图的数学教学，学生能够更加有效地接纳新知识，借助概念构图对所习得的知识信息进行加工整理，使之形成有机关联的知识组块，并对这些知识组块进行组织、分类和概括，使之形成一个有层次、有条理的知识网络，从而不断重建自己对数学的认知结构。

### （二）提高了学生学习数学的热情

概念构图将数学概念、数学思维可视化，将数学知识生成的过程与内在原理与日常生活建构关联，从而实现了逻辑思维与形象思维的统一。通过概念构图教学，学生充分运用大脑皮层的所有智能，包括概念、图像、数字、逻辑、颜色和空间感知，能够更加有效地认识、理解与运用数学知识。对小学生而言，图像的吸引力远远大于文字，以概念构图引导学生进行知识的学习、理解与应用，不仅能够提升小学生学习的兴趣，还有助于其基于清晰的知识结构有逻辑地进行数学表达，从而提升自信心。

概念构图教学是根据学生学情与心理开展的教学，是从学生学的角度安排教学过程、呈现学习内容、提供操作材料、绘制概念图，把学习的主动权交给学生，让学生在自主学习、合作学习的活动中主动完成认知结构的建构。独立思考构图、小组交流改图、师生研讨正图，每个环节都发挥了学生的能动性,使学生在和谐的氛围中开拓了思维,激发了主动探究的情感体验,实现了运用构图方式学习知识、掌握方法、解决问题的目的。通过学生的自主参与和自主表达,数学概念、符号、公式等真正成为与学生生活有关的"活"的知识,知识被学生赋予了生活意义,而非外在于自身的符号。通过基于概念构图的自我表达与完善,学生学习数学的热情被激发,探究精神与数学思维的广度、深度和关联度都得到有效发展,学生真正体会到了学习数学的乐趣。

（三）提升了学生的数学思维品质

概念图将多个数学概念联系起来,形成相互关联的概念体系,从而转变传统的点状、片面、割裂的思维方式,以整体性思维对数学概念与知识点进行理解与运用。通过数学概念构图教学,提高了学生整体把握数学概念、数学知识、数学思想和数学问题的能力,提高了对数学知识结构的反思能力。

1. 提高了学生对知识的整体把握能力

数学教材中的每个知识点、每个例题就像一个神经细胞,当神经细胞进行有逻辑的串联时,每个知识点都能充分发挥其育人价值。从思维发展来看,概念图能够构造一个清晰的数学知识网络,促进学生数学知识与数学思维架构的搭建,从而以整体的眼光分析和理解数学知识,促进数学知识的迁移。

概念图所具有的整体性对学生整体性思维的发展有重要意义。一方面,概念构图促发了学生对知识意义的整体性建构,通过概念构图整合新旧知识,建构知识网络,浓缩知识结构,从整体上把握每个数学知识点及其知识的生活意义。另一方面,概念构图又以整体呈现教材知识结构的方式,形成数学知识点内部之间的联结,有助于学生从整体把握新的数学知识,把握知识的内在结构。例如,进行图形的知识复习时,就可构建出一幅概念图,从中准确地把握知识的纵横关系,理清知识的脉络结构,形成有条理的、系统化的、整体性的知识结构。

2. 提高了学生对自我的反思能力

在概念构图教学中,学生与同伴合作,不断修正自己的构图,与原构图、同伴的构图进行比较时,不仅修正了构图本身,也修正了自己原有的思维与认知,从而培养了学生的自我反思的能力。学生的反思包括两个方面:一是对概念图的图形反思,即结果性反思;二是对概念构图过程的反思,即过程性反思。概念构图教学倡导发挥学生的主体性,通过构图、论图、正图、用图等,让学生充分经历知识建构的过程,真正参与到知识形成的过程之中。通过这些教学流程,学生能够形成知识模块,建构知识的意义,并在与教师及同伴的交流中,学会取长补短,不断反思自身的不足,形成自身的优势。此外,学生应用方法建模的构图过程,本身也是一个不断反思的过程,它要求学生对自身的旧知进行归类整合,形成与新知的有机关联,从而在新旧知识的交互之中反思自身已有的知识结构,不断更新自身的观念与方法。

3. 提高了学生的创新能力

首先,概念构图本身需要学生发挥想象力,动用自身的逻辑思维将点状的知识进行整合,这有助于培养学生的形象思维,甚至是审美能力。知识的体系化与可视化依赖于个体对知识深度理解基础上的个性化创造。针对同样的教学内容,学生所产生的构图是不一样的。由于构图本身并没有唯一的样式,这就给了学生自由创作的空间,能够充分发挥学生的个性与创造力。在教学中,我们经常会碰到这样的情况,学生个人或合作绘制的图式比教师的构图更有新意,内容更丰富,思路更灵活。教师从不轻易否定学生的创意和思考,而是及时点评,组织学生欣赏、学习,对于优越于自己的做法更是给予高度肯定,指出不对或不足之处后,尽量放手,让学生在学习后自行修改、完善,保留优点,纠正补充不足。在这种环境氛围下,学生学习时没有心理负担,思维更活跃,创造性更强。

其次,创新来自较为体系化的知识基础,并且能够自主地建构起不同知识之间的关联,学会知识迁移与灵活应用。概念构图为学生形成体系化的知识基础,把握自身的知识结构,把握新旧知识之间的关联,把握知识之间的关联,把握知识与现实情境的关联等提供了载体,从而切实让学生的知识在多维多层次打通,形成知识之间的融合。在此基础上,通过关联重组,提出新的问题,发现新的解决方案。这也就为学生的创造与创新提供了契机。

2018年和2019年,课题组对学校三、五年级700多名学生进行了课堂观察和综合应用调查,学生的理解能力、思维品质及各学科学习能力在课题研究实施前后有明显提高,详见图7-4。

## 二、教师专业水平提升

概念构图教学首先对教师提出了要求,一方面,要求教师转变传统教学观念,由点状知识的编排、单向知识的灌输、割裂式的思维方式等转向对不同教材的整合,对学段教学内容的整合,对单元内容的整合,等等,教师自身需要具备结构化思维、整体性思维,并结合学生学情来进行教学设计。另一

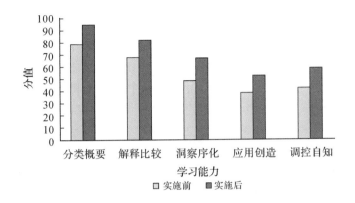

图 7-4 课题研究实施前后学生学习能力情况

方面,教师还应具备将抽象的数学知识与思维过程转化为直观图式的能力,通过通俗易懂的方式引导学生进行概念构图。这不仅仅是一种技术性的挑战,也是一种思维、观念的更新升级。基于概念构图的小学数学教学实践,使得教师也发生了重大的变化。

(一)概念构图备课,促进教师对教材的把握

每位教师在教学前都要进行备课,备课的前提是了解教材、分析教材,并整合教材内容,进行合理的规划与安排,并设计好各个环节的推进。如何编排教学内容,各个教学流程如何推进,按照何种方式、方法开展教学,应当如何布置课后练习,都需要教师进行合理规划。概念构图以其直观性、逻辑性与关联性等特征,为教师从整体上把握教材内容,分析教材各个知识点的价值意义,把握教学的重难点提供了有力的帮助。通过教材的概念构图与学生自主的概念构图,教师能够快速准确地定位教学目标、教学重难点,既提升了效率,又深化了教师对教材的理解。

概念图把本单元的主要内容都有顺序、有层次、有条理地呈现在同一平面上,依据概念图进行具体设计,既能抓住重点与难点,又不会遗漏概念,还可以作为简案使用,不会错漏教学环节。

每位教师都有一套教材,在每学期开学时,都要绘制本册教材、各个单元的知识体系图,促进教师对教材的整体把握。例如,数学知识体系是由一个个的知识点串在一起形成知识线,线和线交织成知识面,面和面形成知识体系。我们在钻研教材的过程中,既要整体把握知识的点线面体,使得零碎的知识形成知识结构体系,也要努力寻找知识点之间的结构联系。所以,概念构图也促使教师更好地理解了知识结构,提高了解读教材的能力。

### (二)教学设计模板,辅助教学的设计

传统的教学思想把"备课"概括为"分析教材、分析学生、书写教案"几个重点步骤,在实际操作过程中老师们也基本是这样做的。分析教材着手分析什么?分析学生应从哪几方面着手?许多教师都是随意着于手或无从下手,或单一或老套。很多老师都是凭经验"想象",按照以往教学的感觉,认为学生可能会在学习某个知识点时出现困难,于是在教案中就针对这个知识点进行相对详细的讲解,引导学生突破难点,掌握重点。殊不知,这样的备课过程,没有具体地分析学生已经具有的知识和能力水平,更没有分析学生的心理因素对教学的影响。

为了避免教师备课的随意性与盲目性,使教学设计更科学、更严谨,我们用概念构图的方法制作了"教学设计模板"(见图 7-5),供教师教学设计参考。其目的不是将教学设计"八股化",而是辅助教师进行思考,教师根据模板中的内容完成教学设计,既可以节省时间提高效率,又能够做到科学严谨,不仅有利于课前备课,也有利于课后"反思"。这对改善教师的教学习惯和培养教学新手研究、写作教案都有重要意义。当然,教学设计模板不是固定的,教师应根据自己对教学的理解、深化程度去不断修改和完善。

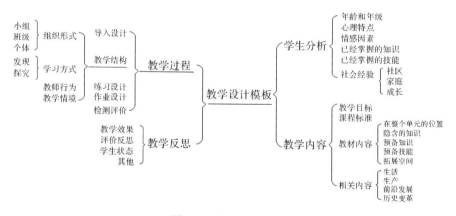

图 7-5 教学设计模板

### (三)概念构图教学,促进教师的反思

美国心理学家波斯纳提出了教师成长的公式:成长＝经验＋反思。如果一个教师仅仅满足于获得经验而不对经验进行深入的思考,那么即使是有"20 年的教学经验,也许只是 1 年工作的 20 次重复;除非善于从经验反思

中吸取教益,否则就不可能有什么改进",他永远只能停留在一个新手型教师的水准上。教师反思是教师专业成长的重要构成部分,行之有效的反思方式能够让教师不断成长,形成自己的教学特色与风格。

借助概念构图备课、设计教学预案、展开教学过程,在课堂教学结束后,教师也依据形象直观的概念图进行反思与对比,复盘教学过程,发现自己在教学目标定位、教学内容阐释、教学方法运用、教学环节推进等方面存在的不足与优点。通过概念图,教师能够对教学过程进行较为精准的还原,并对每个环节进行标记,用关键词、关键句子记录,并通过有逻辑的连线来把握教学衔接中的问题、教学失误的原因、教学成效不足的影响因素,等等。通过多年的学习与运用,大多数教师已经掌握了应用概念构图进行反思的技巧,大大提升了教学能力。

在课题引领下,学校形成了互相尊重、有机关联的共生共长的教学生态系统。该研究为教师上课提供了一条非常有效的可操作路径。各类教学比赛中,概念构图教学特质让吴宁五小的教师喜报连连,频频登上各种舞台展示技能。近三年的教坛新秀评比中,吴宁五小共有 7 位老师被评为教坛新秀,其中 1 位是省教坛新秀、1 位是金华市教坛新秀。在近几年的市教科研指数统计中,吴宁五小均位居全市前茅。

### 三、学校教育品牌形成

基于概念构图的数学教学,以吴宁五小多年探索的简约课堂为基础,充分结合数学学科的独特性,针对传统教学知识理解浅层化、片面化、割裂化等弊端,以概念构图为抓手,从教学理念、教学流程、教学方法与教学设计等各个层面进行数学教学的重构。通过对不同课型的探索与研究,吴宁五小在小学数学教学方面获得了较大的成效,形成数学教学的"五小"品牌。

#### (一)形成了面向不同课型的数学教学策略

传统数学教学多遵循某一个方法去教所有的内容,从教学流程到教学设计均没有体现差异性与适切性,从而导致教学成效事倍功半。基于概念构图的数学教学在概念构图教学总原则的统领下,对不同课型进行划分,并就新授课、练习课、复习课与问题解决课形成了相应的概念教学流程,就数学概念教学、数学规则教学提出了教学设计方法。总的来说,通过概念构图教学,颠覆了"教师教、学生学"的单一育人模式,它通过感知、内化、构图、应用四个基本模块,提高了课堂教学效果,扩展了课程内容的深度和广度,全面调动了学生学习数学的积极性和主动性,拓展了学生的知识视野,促进了学生身心的全面发展,使学生不仅获得知识、技能,更获得终身学习的能力。

（二）找到了数学教学"轻负高质"的路径

概念构图在数学教学中的应用,不仅改变了课堂教学,使得数学课堂充满活力,也在一定程度上为学校进行概念构图教学的探索提供了有益的经验和借鉴。作为简约课堂的一部分,数学概念构图教学充分结合了学校学科的特点,将数学知识的抽象性与概念构图的形象性进行结合,最大限度地简化数学课堂的教学流程、教学环节、教学任务,让知识与知识之间形成有机联系,让新知与旧知形成联系,让抽象性知识与现实形成联系,真正构建起全面整合的知识网络与思维网络,以把握重点、精准高效、适切内容与学生的方式让知识焕发出生命力,成为一种"活"的有生命的知识,而非枯燥乏味的"死"知识。由此,数学知识成为每个学生都可以把握、理解、应用,乃至进行创新的知识,学生拥有自主学习的热情,学习方法充满了趣味,严谨而高效,从而引导教学由专注于机械训练与单向灌输的"高负低质"转向专注于知识理解与知识体系建构的"轻负高质"。

（三）概念构图教学成果逐步推广

几年的课题研究使学校各个方面得到较快发展,品位得到提升,在教育界的声誉也越来越高。目前,概念构图教学已成为吴宁五小教学的一大特色。2019年,学校被评为"浙江省教科研先进集体"。2021年,浙江省教科院在吴宁五小举行成果推广会,重点推介了"概念构图教学研究"的成果。同时,研究成果也在《中国教育报》《浙江教育报》上介绍推广,全国共计50多所学校加入了我们的"概念构图教学研究"联盟,并荣获"浙江省基础教育教学成果奖",两次代表浙江省参加中国教育创新成果公益博览会,受到全世界同行、专家的好评。2021年,吴宁五小的课题"概念构图撬动教学深度变革的实践研究"被列为国家社会科学基金"十四五"规划教育学一般课题,是全国唯一有课题入选的小学。

总之,概念构图的教育教学方式,高度重视学生自主学习能力的培养,变"机械灌输"为"积极引导""方法指导",利用概念构图建构学生的学习方式,激发学生求知欲,帮助学生及时对学习效果进行科学的自我评价。学生不仅学到了知识,还掌握了学习策略,为终身发展奠定了坚实的基础。

# 第三节　教学展望

## 一、研究反思

### (一)要有一定的概念构图试教期

不少研究指出概念构图是一种非常好用的技术,它不仅强调概念组织整合,更以视觉式方法组织信息,比传统直线式表征信息的纲要组织法多了一个相关联的向度,更适合用来表征概念间的命题关系。从吴宁五小的数学教学实践来看,掌握构图的技巧对初学者而言并非易事,而是一件费时的工作,其间有个别学生甚至产生了排斥心理。造成这一现象的原因可能是教师自身对概念构图教学理念缺乏深度把握,从而难以在课堂教学中熟练运用。针对此种现象,本研究在正式开展数学概念构图教学之前,由资深教师进行实验性教学半年,以此积累教学经验。正式教学阶段则安排一年半的时间来作实验教学,并在教学时预留学生精练学习成果的时间,从而排除因准备不足而影响教学效果的可能性。

### (二)概念构图教学策略有适用范围

概念构图教学需要学生具有一定的阅读能力、理解能力,具备一定的逻辑思维。一年级学生缺乏抽象能力,数学知识也多以基础性的知识为主,如果过早运用概念构图教学,反而会加重学生的负担。因此,概念构图教学不适合从一年级开始。

从三年级实施教学研究的情况来看,经过一段时间的适应与训练,学生对概念构图教学能较快接受,并产生浓厚兴趣。到三年级下学期,教师可培养学生预习并进行构图,40%的学生通过预习、研读,也能构建粗略的概念图。他们找的概念不一定到位,概括的关键词也不一定简练,但他们会凭自己的兴趣与想象,画上一些图案,使构图变得生动有趣,充分体现了小学生的年龄特点。

我们建议:概念构图教学可以提早使用,二年级可以选择小部分内容进行教学。到三年级下学期,可以有选择地让学生尝试构图。如文中有并列的几块内容时,可以先由教师建构第一部分内容,让学生模仿建构第二部分内容,共同完成概念图。四、五年级是双重建模教学的良好时期,有的内容可以让学生自主构图，有的可以由教师构图，教学后学生补充完善。到六年级以后，学生完全有能力自行绘制概念图。

## 二、未来展望

已有研究主要是将概念构图作为工具应用到数学教学过程中，提出了在不同类型的数学教学中概念教学所应当遵循的基本原则和教学设计策略。本研究充分体现了数学学科的独特个性，将概念构图与数学教学有机结合，并从教学流程、教师活动、学生活动等方面建构了实践模型。未来将从以下几个方面推进，以期获得更大的突破。

### （一）研发小学数学概念构图教学系统范式

经过十余年的探索与实践，吴宁五小的数学概念构图教学已具备初步的实践范式和典型课例。在未来 5 至 10 年中，学校将在前期研究基础上深入构建小学数学概念构图教学的系统范式，包括适合概念构图的学习内容知识图谱，在基本范式以及初步变式基础上，探索不同学科、年级、课型的系统变式以及系统性的典型课例。

### （二）推进小学数学概念构图教学实证研究

学校关于小学数学概念构图的研究，尚处于经验研究阶段，虽然取得了许多成果与成效，但在内在机制、科学原理探究方面仍有较大突破空间。后续研究将进一步强化"准实验"研究，通过严格的前后测以及实验班、对照班对比研究，发现概念构图与学生深度理解能力、学生综合素养提升之间的内在联系，为小学数学概念构图教学提供科学数据支撑。

### （三）开发小学数学概念构图教学的评价体系

概念构图应用到数学教学之后，如何保证其成效的真实性，让成效可见？或者，如何用相应的教育评价标准来规范教师的"教"和学生的"学"？这都有待进一步开发和探索，需要结合数学学科核心素养、数学学科本身的特定，以及不同数学课型的特殊性等方面的因素，综合开发一套行之有效的评价体系，从而为各个学科开展概念构图教学提供有益的经验和参考，也为数学概念构图教学的不断深化提供标尺。

### （四）进一步推广概念构图教学品牌

学校将尝试开发学生概念构图水平提升系列课程，同时在深化现有学科基础上，进一步拓展应用于多门学科或者跨学科，形成学校教育的实践品牌。作为一项教育实验，概念构图的成果和成效不应仅体现在吴宁五小，还应具有推广、传播与交流价值。推广的目的并非扩大自身知名度,而是通过不同学校之间的交流沟通,从不同学校的特殊性出发,对现有概念构图教学进行完善补充,从基于现有的模式,逐步演变成基于多样化的范式,最终发展出更多的变式,从而让概念构图教学真正为更多的学生、教师与学校带来有益的价值。

2021 年 7 月 24 日,中共中央办公厅、国务院办公厅印发了《关于进一步减轻义务教育阶段学生作业负担和校外培训负担的意见》(简称"双减")。"双减"政策的核心是减轻学生的学习负担,让教育回归校园,让学生从课堂上获取知识、锤炼思维和发展智慧。可见,"双减"政策不是减学卸责,而是增效提质,追求高质量教学。教学方法的优劣直接影响着课堂教学质量、教学活力以及减负的成败。转变陈旧教学理念和方法,摒弃满堂灌教学,探索"双减"政策下新的教学方法、模式已迫在眉睫。概念构图教学是紧扣学习本质、遵循学习规律的科学教法。概念构图在数学课堂上的运用,让大家看到了学生的学习热情和思考过程,这份热情来自尊重及信任,来自思考与对话,来自探究和成长。因为以构图为载体,学生有充分的空间可以去自己发现、体验、修正和拓展,以图促思、以图助学,也让理解进阶看得见,它还原了学生数学习的丰富性、多样性和思考性。

儿童成长的本质是身心趋向独立的过程,佐藤学在《静悄悄的革命》书中提出,课堂改变,学生就会改变。在概念构图教学中,学生会把数学学习变成"我的事儿",激发出本能的探究欲和独立性,使学习过程变成"我的建构"。概念构图教学以问题为导向,以思维为主线,以深度理解为主旨,以自主生长为追求,是努力践行以学定教、实现转识成智的有效教学。教师也可以依托概念构图开展"大概念"的整体教学,真正实现有结构的教、有关联的学,使课堂成为减负提质的成长乐园。我们将继续探索,为落实"双减"政策、推动教育更高质量发展而不懈努力。

# 后　记

　　2017年,我的第一本专著《为生长而教——小学数学教学新探索》出版了,历时6年的研究探索汇集在一本书里,表达着自己的教学主张和行动实践,希望能以此为基础,勉励自己要坚守尊重生命、启迪思维、促进生长的教育信念。2018年2月,我受组织委派来到东阳市吴宁第五小学,通过与同事们的交流和教研活动的讨论,发现学校开展的概念构图教学有着一定的研究基础和实践经验,但也有很多困惑。于是我和赵阳霞老师花了一段时间进行文献研究,整理了概念构图的内涵、特征以及国内外相关的研究成果。这个过程拓展了我的视野,丰厚了我的理念。然后通过几次概念构图教学实践,发现如果想立足学生,让课堂充满自主生长的活力,概念构图是一个很好的学习支架。它不仅能使隐性的思维显性化,还有助于学生把零散的知识梳理成有条理的认知结构,能更好地培养学生分析综合、抽象概括和推理迁移等学习能力,这与素养导向下的教育改革主流相符合。我在之后的几次与考上清华、北大等名校的五小校友们交流时,都得到了一一证实——小学时的概念构图学习方法对他们之后的学习、思考有很大的帮助。

　　让学生在数学中学会思考和自我建构,一直是我实践生长教学的基本目标,概念构图可以很好地促进学生往这一目标挺进。在生长教学的框架下,我开始在数学课堂上进行"应用概念构图促进深度学习"的探索。先后承担并完成了浙江省教育科学2018年度规划课题"指向理解力的小学概念构图教学实践研究"、浙江省教育科学2019年度规划课题"让理解走向深度:小学数学概念构图'EDSA'学习模型的构建与实施"的研究,立足学生、聚焦课堂,展开教学探索。2021年,浙江省教科院在东阳市吴宁第五小学举办了教科研成果推广会,我做了报告并展示了《小数乘整数》的概念构图教学,受到了广泛好评。同时还多次在不同的研讨会上展示了研究成果,《中国教育报》《浙江教育报》也对我们的研究成果进行了报道,多本全国中文核心期刊刊登了我们的研究成果。

2021年,我主持的课题"概念构图撬动教学深度变革的实践研究"被立项为国家社会科学基金"十四五"规划2021年度教育学一般课题(课题编号:BHA210224),这既是对我们长期不懈立足学生优化课堂教学的肯定和鼓励,也是对我们利用概念构图促进深度学习、变革课堂教学的期望和鞭策。一路走来,我和团队的老师们一直潜心于教学研究,其中胡远萍老师、胡敬萍老师把积累多年的研究成果和心得体会无私地与我分享,并一同参与研究过程,给了我很多的帮助和指导,我深受启发和鼓励。

2019年,中共中央、国务院印发的《关于深化教育教学改革全面提高义务教育质量的意见》中明确指出,要"强化课堂主阵地作用,切实提高教学质量"。生长教学理念下的小学数学概念构图教学实践的意义更加凸显,它是小学数学教学改革的新支点,是少教多学、减负增效的新样态,为发展学生核心素养提供了新路径。2021年,中共中央办公厅、国务院办公厅印发的《关于进一步减轻义务教育阶段学生作业负担和校外培训负担的意见》(简称"双减"),再次传递了党和国家对教育的高度重视和对学生的高度关切,传递了党中央从实现中华民族伟大复兴的战略高度,构建教育良好生态的坚强决心。课堂教学是落实"双减"的"压舱石",因此我们深化教学变革责无旁贷!钟启泉教授说:"教师变了,课堂才会变;课堂变了,儿童才会变。儿童变了,又会引发教师进一步变,紧接着课堂也进一步变,儿童也进一步变,在这样的循环反复中大家都会不断地变革与进步。"因此,基于"学习与生长"的教学研究会使得学生、教师、学校都保持健康成长。

这四年来,我独享每个孤灯夜下的学习与写作,见缝插针地利用碎片时间整理学习、实践、思考的材料,并请浙江师范大学教师教育学院的李云星博士指点,几次交流让我深感温暖和钦佩。在李博士等几位专家的鼓励和指导下,我开始了书稿的整理和修改,概念构图撬动教学深度变革研究的阶段性成果之一《概念构图:指向深度理解的数学课堂探索》一书终于出版了。这是自己在不惑之年献给同在教改一线同仁的一份礼物,也是给自己不忘初心、砥砺前行的一个见证,不负时光不负己。

一路走来,感谢恩师朱乐平先生、俞正强先生的关爱和教诲,俞老师在百忙之中还挤出宝贵的时间为本书作序;感谢叶鑫军先生、丰志伟先生、俞天祥先生、陈碧芬博士、白改平博士、朱哲博士、俞向军博士的指导和帮助；感谢任江萍女士、李安方女士、林可依女士、蒋宝良先生、葛伟俊先生的爱护和支持；感谢东阳市吴宁第五小学全体老师的陪伴和鼓励。诚挚地感谢所有关心、支持、鼓励我的各位领导、专家、同仁和好友，是你们默默的支持，才让我有了坚持的动力。还要感谢我的孩子们，是你们的童真和蜕变让我相信"相信"的力量！特别感谢温州大学的章勤琼博士百忙之中常抽时间给予我指导和帮助，章博士还给本书写了序言；感谢陈洪杰老师、邢佳丽老师、胡远春老师对我的引领和支持，他们让我更加坚定地相信"教研能改变课堂"，相信学生借助构图能学会思考，经历思考才实现生长。

一直记着恩师俞正强先生对我的教诲："我们上数学课一定要想办法贴近学生的经验，学生的所有经验会支撑他们去思考、去突破，他们的思维一定会被打开。有思维就会有疑惑，有疑惑就会有味道，让他们自己慢慢地在思考中完成对经验的改造和重组，让学生在经验和思维中体悟数学的本质。"我们的课堂教学不是给儿童灌输学科的本质性知识与概念，而是让他们自己去发现引出结论的逻辑。概念构图是一个舒展数学思维、促进内在觉醒、发掘自我潜能、完善逻辑关联的学习支架，让学习可见、让反馈有效，符合教学规律和认知特点，值得大家一起来关注和运用，希望此书能给大家一些启发。

最后要感谢我的家人一直以来的默默支持。本书的出版正是小儿出生之时，以此作为纪念，以作榜样和自勉。希望恰当其时最美好，我们一起心怀美好，与善良同行，懂得珍惜每一个当下，把时间用在努力上，用在做有意义的事情上，发出自己的光，让世界因我们而美丽。

感恩一路陪伴我的人！

葛敏辉

2021 年 10 月 31 日于东阳江畔